天下文化

BELIEVE IN READING

成就他人的經營思考

善菓創辦人嚴心鏞利他實踐心法

嚴心鏞 著

目錄

第二部 蔬食之味

——傳遞綠色蔬食的內涵與美味

第三部　環保之願——一日一素救地球

推薦序

以利他的精神，走出不一樣的路

公益平台文化基金會董事長
嚴長壽

我從事偏鄉教育多年，在我的觀察，很多孩子的學習與成長，不一定是在體制內透過讀書來獲得，反而經常是先做事、接觸到內容，然後才產生對知識的好奇。

心鏞就是一個很好的例子，他是我二哥的大兒子，看到他將多年在創業之路上的學習，以及對助人、推廣蔬食的發心寫成新書，我感到很欣慰，也引發我些許感觸。

在工作中找到學習的動力

回想心鏞這一路的成長，在人生的發展路徑上，與我有很多相似之處。

首先，我們都不擅長背誦課本，不是循著校園考試體制所安排的道路來追尋人生，而是更偏向自發性的學習。這點也許和我家族的特質有關，家族裡最擅長讀書、並在航太領域找到人生方向的，應該就是我大哥的兒子，除了他，家族裡大部分的孩子，幾乎都不擅長以讀書來找到各自的人生使命。

因此，看到心鏞一路的發展，好像也看到我自己早年的若干影子。我們都是小時候功課平平，家庭經濟也不是特別好，在半工半讀的狀態下完成高中學業。但是，出了社會以後，在每一項工作與任務中，我們逐漸找到學習的熱情和人生的奮鬥目標，最後也似乎都有了一些出色的表現。

對於這種先進入職場工作，才逐漸找到學習熱情和成就動機的現象，我一直不太理解，直到後來我投入教育工作，才發現從專業的分析來看，大概只有三〇％的人適合靠讀書、記憶、考試來找到天賦，大約七〇％的人其實都是先參與實務工作，進而產生對知識的好奇，才發展出學習的動力。我們家族裡的孩子，多數應該就是這樣的類型。

態度，決定一個社會文明的高度

其次，我們的家族成員冥冥中似乎都帶有一種無可救藥的使命感，面對利益和公益的抉擇，總是毫不遲疑的選擇後者。

無論心鏞在早期從事行銷工作，或是之後為外商企業 World Family 銷售迪士尼授權的童書，他都帶著學習的熱情全力以赴，後來還出任 World Family 於港澳國際業務的總監，在港澳地區前後工作了大約五年。等到他回台灣時，大家才發現他已經脫胎換骨，練就了一番功夫，而且還能說上一口流利的廣東話。但是沒有改變的一點，就是他對人的態度、對社會的使命感跟責任心依然沒有變。

我記得大約是在二〇〇三年左右，心鏞自己先是成立了一個教育訓練的組織，無獨有偶的，當時我正好是在觀光協會會長任內，由於之前促成政府推動開放免簽證，正以積極的方式邀請一些經濟成熟先進國家的友人來台灣。

為了因應即將到來的變化，我先是協助政府盤整自身的觀光資源，後來才進一步發覺，要迎接國際來賓，除了硬體的設施，更重要的是，人的態度也必須跟上。

於是，在觀光局的支持下，就啟動一系列「親善大使」的訓練，這個訓練是從觀光業當中接待外賓的旅行社、藝品店等第一線工作人員開始。我先是集合了當時我最得力的強將蘇國垚先生、麥淑莉老師，及心鏞，由他們三個人擔任主要的訓練者，到不同地方去協助訓練。由於成效不錯，後來更進一步擴大到主管入境的移民署、海關人員等政府機構，也都陸續加入受訓行列，偶爾我也會插花。這個活動最主要的目的，就是希望讓大家認識到：態度決定一個社會文明的高度，身為國家的最前線，我們必須將文化的高度展現出來才行。

在這個過程中，心鏞、蘇國垚都扮演了非常重要的角色，所以後來我們在亞都麗緻管理集團以外，又成立了一個亞都麗緻服務管理學苑。那時台灣高鐵正要成立，應當時殷琪董事長的邀請，就由心鏞擔任總經理的亞都麗緻服務管理學苑，去幫台灣高鐵的籌備做訓練。嚴格說起來，台灣高鐵後來有一些很不一樣的服務樣貌，某種情況下，心鏞他們也做了一些貢獻。

完成這些任務以後，心鏞就開始走出自己的路徑了，不管是一開始做稻禾餐飲創業，或是後來全心投入蔬食推廣，創辦了善菓餐飲集團，這一路上的努力，我覺得都可圈可點，延續了一個非常特別的服務精神和態度。

從自身做起，每個人都能發揮正向影響力

我們嚴家的子孫算是有些特別，我父親來到台灣的時候，雖然因熱於助人而散盡家產，但是對於助人的熱誠卻不曾或減。家族第二代、第三代似乎也都遺傳了父親這方面的特色，像是我的大哥嚴長庚，今年快九十歲了，還是相當熱心公益。他除了做過愛盲協會理事長、全國工總理事、現代五項運動協會理事長等公益職位，後來還在許多醫界朋友的支持下，成為台灣全人照顧協會的創會理事長，致力於促進弱勢族群的健康與照顧。心鏞也一樣，除了擔任一些公益團體與機構的董事，出於一種特殊的慈悲心，加上遭遇白鷺鷥事件，最後讓他發願全力推展蔬食，減少殺生的同時也希望能為降低地球碳排盡一份心，我想，這些大概都是秉持著同樣的道理。

我不敢說心鏞受到我多大的影響，但是我隱隱中發覺，雖然我們家族的成員每個人各有天分，擅長的事情也各不相同，但是都有一個最基本、恆久不變

的特質：就是對人親切、誠懇，做事總是會將公益、利他之心放在前面。

在過去的二十年左右的光陰，心鏞走出屬於他自己非常特殊的路徑。他最初的發心，是希望他的企業能讓更多家庭經濟弱勢的孩子得到更好的照顧，並且能學習到孝順與利他等正向精神，這對社會也產生了一些正向影響。

顯然，他的企業不是以盈利為唯一的目標，而是希望在經營事業的同時，也能夠實踐稻盛和夫的利他精神，這和當今社會所重視的SDGs、CSR一致。在他的創業初心當中，已經隱含了「助人」這個社會責任。

我更相信，隨著科技的發展，很多人的工作可能都會被機器所取代，唯一不能取代的，大概就是來自屬於人類獨有的，發自內心的，彼此之間的一種關懷，這些是千年不變的道理。

相信心鏞以這樣的精神來經營事業，可以帶來一些啟發。從小的角度來看，希望能以企業做為起點，進而對社會產生漣漪效應，對世界形成改變；從更大的角度來說，在這個科技快速成長、貧富差距持續被拉大的時代，唯有我們每個人都從自己踏實做起，一點一滴對社會做出一些正向的示範，這才是能夠扭轉現狀、讓人類邁向永續的終極之道。

推薦序

平凡人也能成就不平凡的事

顏漏有

創業者共創平台基金會董事長、AAMA台北搖籃計畫校長

第一次認識心鏞是在二〇一五年社企流舉辦的年會上，聆聽他真誠分享協助一萬個年輕人的精采故事。當時我已從全職的工作退休，轉換到第三人生，與一群好友發起成立AAMA台北搖籃計畫，透過連結跨世代的經驗及資源，協助想要改變台灣的年輕創業者。同時，我也受邀擔任社企流社會企業育成中心iLab校長，協助想要透過商業模式解決台灣社會問題的創業青年。

身體力行，實踐稻盛和夫的利他哲學

那天聽完心鏞的分享後，我立即與他聯繫，安排了一場與學員的分享會，談經營社會企業的經驗及挑戰。從他真誠及深入的分享，讓我們找到許多交集及共鳴，日後在其他的場合中，也繼續針對社會企業等問題，協助年輕人交流意見和想法。

我經常到他經營的蔬食餐廳用餐，每逢去誠品南西店逛書店買書時，也會順便繞去新光三越的善菓屋購買麵包，這似乎已成為我的生活日常。我們更因同時在二個基金會擔任董事，有很多機會交流及分享，也讓我對心鏞有更深一層的認識。

心鏞在我心目中是一個有溫度、有愛心的人，對他所投入的工作總是保持高度熱情，他對於年輕人的協助更是出自於內心的動機。他透過參加稻盛和夫創立的「盛和塾」，啟發了企業經營理念，並真心學習及實踐其主張。他是我觀察到在台灣少數具體實踐稻盛和夫經營哲學的企業家。

稻盛先生說，「人生與工作的結果就是：思維方式 × 熱情 × 能力」，這正是我認為心鏞他以一個平凡人能成就不平凡之事的方程式。他在各種不同的工作崗位上，總是以「利他精神」來思考，創立善菓餐飲集團的起心動念，更是期待能協助一萬個年輕人發展事業，並以推廣蔬食為己任。

他的成就動機不在於集團規模多大，能夠賺多少錢；真正念茲在茲的是，如何能夠將企業經營好，才能協助相對弱勢且缺乏資源的年輕人，同時讓更多人愛上蔬食，追求更健康的生活。

在這本新書當中，心鏞對於他的經營初心和理念有非常完整的描述，特別是具體分享如何實踐稻盛和夫的「利他哲學」。做為他的好友，特別是我們都在協助年輕人探索及實踐志業，更是有所共感。

以熱情推廣蔬食

此外，心鏞對於蔬食事業的投入總是展現高度熱情，不只自己身體力行，改變飲食習慣，同時也極力提供最好的蔬食給客戶享用。

記得我們在灃食飲食文化基金會一起擔任董事時，他非常積極地協助小學推廣蔬食午餐。對於推廣蔬食有興趣的組織或企業，心鏞總是主動聯繫並提供必要的協助。他的熱情不只感染了公司的同仁，也同時影響了很多有興趣推廣蔬食的組織及個人。

雖然心鏞過去從事業務、管理顧問等經歷，與餐飲專業並沒有直接相關，但是一旦決定轉向蔬食事業，他除了投注相當多時間學習餐飲業經營知識，也常拜訪各式餐飲專家虛心學習，透過不斷實驗，並根據客戶的回饋來修正調整，希望提供最好的蔬食給客戶。更難能可貴的是，他願意將寶貴的經營智慧與實務經驗彙整出來與大家分享。

我相信心鏞的人生故事正是驗證了「平凡的人懷抱利他思維，亦能成就不平凡的事」，相信平凡的我們都可以從這本書得到啟發，一起發揮利他精神，成就共好的社會。

前言
花香蝶自來，功到自然成

二〇二三年五月，我們在竹北的善菓堂獲得蔬食界「綠．蔬食評鑑指南」三星殊榮，這也是繼二〇二二年獲得「綠裝修」銅獎後的又一個好消息。看著一路栽培的店長上台領獎，我們長期的耕耘得到社會的重視與肯定，我心中感到相當欣慰與感動。

幫助年輕人發展健康蔬食餐飲，這並不是一條容易走的路。這麼多年來，經過創業的艱辛與風雨，撐過新冠疫情的衝擊，我們還是挺住了，並且持續走在正確的路上。

人生中不能不做的事

在人生的道路中，一開始我們經常會依照別人告訴我們的路去走，但是當你逐漸完成別人的期待時，是否曾經靜聽自己內心的聲音？

從事餐飲創業前，我對教育訓練有極大的熱忱，個性又喜歡做開創性的工作，所以二〇〇三年從香港回到台灣後，就投入了管理顧問業。先是創辦了奧爾思服務管理顧問公司，後來又擔任亞都麗緻服務管理學苑總經理。

二〇〇六年成立的亞都麗緻服務管理學苑，主要是從亞都麗緻的五星級服務案例，整理為「感動服務」心法，幫各行各業訓練同仁，也幫助年輕同仁找到自發的成就感，在不同行業中勇於感動客戶。我們輔導的單位很多，包括台灣高鐵、曼都美髮、華泰銀行、新聯陽建設等，並與出版社合作將感動服務故事案例收錄在《擁抱初衷：忍不住說WOW的感動服務方程式》這本書裡。

隨著傳遞感動服務的精神，我也接觸到很多行業和案例，從中我逐漸體會到，工作的價值並非只有貢獻業績數字，只要能激發內心的成就動機，不管從事什麼工作，都可以對別人的生命產生深刻的影響，讓工作價值變得不一樣。

跟著叔叔嚴長壽總裁工作的那幾年，讓我深深體會到「成為一個正向影響的人」，是我想要追求的人生目標。尤其二〇一〇年叔叔卸下亞都麗緻的職務，隻身前往台東從事公益活動，讓我發現人一生追求的非只有「功成名就」的第一座山，更可以同時爬上「利他助人」的第二座山，做心中最想做的事，這樣的追求並不衝突。

感謝金惟純先生引薦了投資者梁正中先生，他提議幫助孝順的青年發展一個良善的餐飲事業，這樣的理念很打動我，當時我從穗科烏龍麵做起，開創以培育年輕人創業為核心的餐飲事業。

來自上天的聲音，白鷺鷥給我的一念之轉

稻盛和夫是我中年創業後的精神導師，他發願要用餘生追求員工的幸福，並創立兩家世界前五百大的企業。我在二〇一二加入他所創立的「盛和塾」，並參加了當年在橫濱舉辦的世界大會。聽到台上幾位日本經營者的報告後，我內心深受感動，當場拿出筆記本寫下：「我要成為一位利他經營者，幫助一萬個年輕人發展事業」的具體目標。

我的第一次餐飲創業積極招募孝順的年輕人，讓他們在福利和教育訓練各方面得到支持，陸續打造了包括穗科手打烏龍麵、一禾堂麵包、稻禾烏龍麵、Kayakaya 等品牌。這幾個品牌當中以稻禾烏龍麵的發展最為快速，三年開展了十一家店，而 Kayakaya 則為西式簡餐，營運一直虧損，嘗試許多方式變化菜單，依然沒有成效，原定要結束營業，直至發生一件事，成為影響我日後決心發展蔬食餐飲的契機。

那一天，我獨自開車前往台中出差，聽到收音機傳來一段採訪，提到有位在市集販賣蔬食漢堡的年輕人，流動餐車總是吸引大批客人排隊追隨，瞬間我像是找到解方似的，思考若將餐廳轉型為西式蔬食，也許會有一線生機……。

我邊開車邊想著各種可能，愈想愈興奮，竟沒注意路況，突然撞到從一旁田裡飛來的白鷺鷥，牠一下子捲入車底當場斃命。當時我驚嚇不已，就在那一刻，我突然聽到一個清楚的聲音在我耳邊響起：「撞死一隻鳥這麼難過，你店裡每天殺了幾隻雞啊？」

我彷彿聽到上天的提醒，頓時感到好難過，眼淚流了下來。我立刻打電話給 Kayakaya 的主廚，問他：「我剛剛發生一件事，突然有個想法，我們要不要改做蔬食試試看？」他思考十分鐘後立刻回電給我：「嚴總，我願意試試看，我立刻開始研究菜色，我們不要放棄。」奇蹟似的在轉型第三個月後，Kayakaya 就做到損益兩平，感覺是上天給了一條生路，店長還因此將店裡的 LOGO 加上一隻白鷺鷥做為紀念。

直到今天，回想當時那個來自上天的聲音，如此清晰有力，即使現在還是讓我久久難以忘懷。也在我內心深處埋下一顆等待發芽、茁壯的種子，成為我日後創立善菓蔬食的重要發心之一。

讓人「久吃不膩，經常想念」的蔬食美味

二〇一六年，投資方希望我個人將重心轉往大陸，台灣暫緩發展，這讓我陷入一陣長考，回想當初由顧問轉做餐飲業的初心不變，於是決心自行創業，開創全蔬食的「善菓餐飲」企業。

二〇一七年開創之初，我們清楚的標示公司的企業文化為「利他之心，待客如親」。延續走在「推動青年蔬食創業」的道路上；經過六年多的努力，陸續創辦了中式上善豆家、禪風茶樓、善菓堂、善菓屋烘焙、蔬慕、上善蔬食、

派特漢堡和禾穗麵屋等多個品牌，並涵蓋了麵包烘焙、中式餐點、西式料理與和風麵食等。多年不斷的研發，就是希望能做出各種讓人「久吃不膩，經常想念」的蔬食風味。

二〇二〇年新冠疫情來襲，打亂了我們的腳步，所幸我們以稻盛和夫的指導做為對策，在不減薪、不裁員的狀況下，成功撐過疫情。展望未來，新加坡與日本也陸續正在與善菓洽談，希望能將品牌合作推到國際上。

對於蔬食推動，是我最為關切的一件事，我們希望能透過蔬食教育及一日一素的活動，影響更多人達到平衡飲食，進而減少碳排，為環保盡一份心力。

蔬食創業真的是一條很不容易走的路，感恩梁先生、我的叔叔嚴長壽及稻盛和夫先生，他們都是我人生道路上的精神典範，此外，也要感謝創業路上的投資股東及創業夥伴的支持陪伴。

我相信「花香蝶自來，功到自然成」，這條利他之路雖然艱難，但終有一天會開花結果、綠樹成蔭，讓愛傳出去。

第一部

利他之心

立志幫助一萬個年輕人

會投入餐飲創業，和我想要幫助年輕人的發心有關，
受到叔叔嚴長壽和日本經營之神稻盛和夫的影響，
讓我創辦一個以「利他之心，待客如親」
做為核心理念的餐飲品牌。

01

待人以善，叔叔給我的身教

叔叔嚴長壽不但以身教讓我懂得「待人著想」，
他時時刻刻都在思考如何幫助別人的精神，
更讓我體會到，當你在爬人生的第一座山時，
也可以同時爬「利他」的第二座山。

在我的生命中，有一位長輩帶給我很深遠的影響，曾經在多次職涯的轉折點，他都帶給我醍醐灌頂的指點，尤其他在待人處事上的完美風範，以及對社會、對世界奉獻的使命感，更是我追隨的標竿。他就是我的叔叔嚴長壽總裁。

早年，我曾在外商公司World Family負責銷售迪士尼授權的英語教材，因為業績表現不錯，被指派到香港開拓業務。當時每天心心念念都是達成公司的營運目標，忙著攀登人生的第一座山，不曾思考過人生其實可以有不一樣的風景。

一直到返台跟著叔叔工作，我才逐漸認識到人生可以有不一樣的追求，我的叔叔以身教讓我學會待人處事，更讓我看見典範，幫我深入內在，找到一生的成就動機。

找到不一樣的成就動機

在還沒有創業之前，我曾被外派到香港工作大約五年。二〇〇三年，受SARS影響，我決定返回台灣定居。

那段時間，我對未來沒有清晰的方向。第一時間就去找叔叔深談，他很關心我，問我未來想要做什麼？我心想，之前對業務銷售很有心得，也一直在公司內部做分享，所以當叔叔問我：「你最想做什麼？」我表示最想從事教育訓練的工作。

因為過去在外商公司十年，發現自己非常熱愛學習，期間上了很多課程，發現自己對教育訓練很有熱情，如果可以成為一個講師，也許是我人生下一個階段的目標。

叔叔又問：「那你想講什麼課？」我說我上過許多國際知名的行銷、管理、溝通和領導課程等等，對這些領域都很熟悉。叔叔就說：「你要做決定，如果你只能成為某一方面的講師，你得選定一個才好。」當下我覺得我好像都行，但是深入思考後，發現這些課程已有太多的名師，光是溝通的課程，可能就有幾百個老師在授課，但是服務方面好像比較沒有專業講師。

於是我就以「服務」為核心，開始設計相關的教育課程，創立了奧爾思服務管理顧問公司。剛好那時叔叔擔任觀光協會會長，在觀光局的支持下，我和亞都麗緻的蘇國垚先生、麥淑莉老師等人，到不同的地方去協助訓練在第一線接觸外賓的從業人員，結果大受歡迎。當時亞都麗緻的五星級服務，在台灣以高水準廣受好評，有愈來愈多企業都希望能導入五星級服務。不過，飯店的訓練跟其他行業並不完全一樣，很多細節也會不同，因此叔叔另外成立了亞都麗緻服務管理學苑，讓這個教育訓練機構來服務各行各業。

擔任亞都麗緻服務管理學苑總經理後，我先是花了很多時間分析整理亞都麗緻的案例，彙整成「感動服務」教育課程，傳遞給許許多多在一線努力工作的服務從業人員，幫助他們在工作中發現不一樣的成就感。

回想起來，我真的很感謝叔叔的梳理和引導，因為跟他深談過，我才逐漸找到自己真正的成就動機，發現自己可以做一個很不一樣的講師，幫助別人找到內在的成就動機，讓他們的企業更有競爭力。

那幾年帶給我很大的學習，從第一個觀光局的專案開始，後來又接了台灣高鐵、賓士、LEXUS、新聯陽建設和曼都等大企業委託，在感動服務這個領域，將理念傳遞給各行各業。

對我來講，亞都麗緻服務管理學苑不僅為服務業注入很大的能量，也帶給各行各業啟發。大家跟著嚴總裁工作，都覺得很榮耀。可以說，雖然我在亞都任職時間不算長，但亞都人總是懷抱「待人著想」的精神，也對我後來創業的影響很大。

真心在乎每一個人

雖然從小就認識叔叔，但是直到擔任亞都麗緻服務管理學苑總經理，我才算是近距離貼身跟著他學習。過往大概只是過年家族團聚一起吃飯，並不是那麼熟悉，但是每次從他的眼神，就知道他是很認真的在關心每一個人，這是第一個給我很大的「看見」。

我在之前在做服務訓練的時候，就知道眼神對人的影響很大。因為在人際互動上，真正會影響一個人的，多半並不是說話的內容，而是來自說話的聲調和肢體動作。舉例來說，如果想知道一個人是不是真的關心你，可以從眼神來觀察，當他講了很多好聽的話，但他的眼神卻沒有放在你身上，有可能他並不是真的那麼發自內心。這就像我們生病去看醫生，醫師全程看著電腦都不看你一眼，你的感受一定是很不好。如果醫生能夠好好的看著病患，這樣的一個小舉動，就能讓病人覺得醫生真心的關懷他，更為安心。

回想起來，我在亞都五年，很多老員工都對我說：「在亞都工作三十幾年，從沒看過總裁發脾氣。」

他不但在乎員工，而且做到讓同仁覺得就算待遇未必是同業最理想的，但還是願意長久的跟著他。這是一種讓人會想要跟隨的領導風範，這讓我了解到，一個感受到被人關心、被在乎的員工，自然也會去關心、在乎客人。

叔叔給我的第二個「看見」，就是當他決定退休後，毅然選擇去台東。當時我知道他檢查出罹患癌症後，立刻去動了手術，但也決定加速進行還沒完成的人生目標。遇到生死大事，有人可能會選擇去舒服的地方安養，享受餘生，但他卻沒有考慮個人，而是投入另一個志業，選擇到偏鄉從頭做起，為台灣這塊土地的未來奉獻餘生。

同時爬人生的兩座山

大家可能很難想像，我第一次去台東，看到公益平台文化基金會的辦公室，嚇了一跳。那是個很舊的老房子，有點像華山文創園區後面一棟一棟的舊建築。他就這樣帶著一群志工，開始公益事業。這件事讓我很感動，所以當時我也表示要想一起去幫忙，但他卻告訴我，我正值壯年，還有很多可以為社會做的事，不需要跟著他去台東做公益。

這給我一個很大的衝擊，因為你看到他正準備專心爬人生的第二座山。回想起來，在亞都時期，他已經常投入公益。正式退休後，他終於可以專心爬第二座山，這真的不輕鬆，但是他甘心樂意，樂此不疲。

他在台東忙得非常高興，在推動教育之外，同時協助江賢二老師做藝術園區及展覽，隨時都在幫助別人，內心總是充滿喜樂。他所樹立的典範帶給我很大的影響。

嚴長壽總裁在待人處事上的完美風範，帶給我深遠影響。

在外商公司工作的時期，公司會讓我們去參加很多管理學和銷售溝通的課程。像是傑克．威爾許（Jack Welch）的領導和管理，當時他是奇異公司（GE）執行長，管理哲學是每年淘汰一〇%，只留頂尖員工。在這種優勝劣敗的職場文化下，公司工作環境非常競爭。當我回來台灣，跟著叔叔工作，然後擔任講師，專心傳遞感動服務的精神，加上近距離和叔叔工作，幾年下來，我才覺得過去我學的那些，似乎不再重要。

應該說，我突然發現：如果你不能感動自己，怎麼感動別人呢？如果你做這份工作，卻無法找到成就動機，只是一味追求別人羨慕、但自己覺得不安樂、不喜歡、不自在，那不是我要的理想。

我離開亞都時是四十四歲，從叔叔身上，我看見了以身作則、以善待人的領導風範，以及人生可以同時爬內在成就與外在成就的兩座山，讓我逐漸清晰自己未來該走的路。並且學會用不同的角度看世界。一般人總是會想，先等我把事業做大，再來回饋員工就好。但是叔叔從來不會設定公司必須做到多大的營業額，再來關照員工。他永遠都在關心員工，總是想著能不能為別人多付出一點，心中想的，永遠都是怎麼利他、幫助別人。

成為一個可以影響別人的人

「利他」可以讓人從工作中找到成就感，而且在利他的過程中，企業不知不覺就大了，這當中也似乎有一種因果關係。所謂的「種善因，得善果」，意思就是當你不斷的給予、不斷的付出，到最後經常會在冥冥中結果，這並不是說捐錢就會變有錢，而是你給予的行為，本身就是一種得到。

無論是在哪一個工作崗位，我不會只把焦點放在賺錢上面，會希望多帶給工作夥伴們心靈上的滋潤與鼓勵。叔叔則是讓我看見一個「好樣子」，我期許自己能像他，對社會多做貢獻。尤其他對於志業與職業的平衡，讓我受益良多。嚴格說，若以企業規模來看，亞都不算是非常大，但卻帶給台灣餐旅業相當大的影響。

嚴總裁從來不會用激進的方法去改變別人，我也在他身上學到了柔軟卻巨大的力量。真正的影響別人，就要用別人可以接受的方法才行。如果你讓別人不舒服，卻想影響他，那只是外在行為改變，內心並不真的認同。

在我四十幾歲時，因為在叔叔身邊工作的耳濡目染，讓我對於工作和生命價值的體會，有了更深一層的追求。對我來說，只追求成功及財富是不夠的，一定要對別人、對社會產生影響力，能夠貢獻出自己，這才是我後半生想要追求的境界。

利他可以讓人從工作中找到成就感，因為給予的行為，本身就是一種得到。

02

受稻盛和夫影響，發願幫助一萬個年輕人

稻盛和夫可以說是我的心靈上的創業導師，
尤其是 2012 年當我加入盛和塾並到橫濱參加世界大會時，
感動流淚之餘，就寫下「幫助一萬個年輕人」的願望。

人生很奇妙，或許如同《牧羊少年奇幻之旅》裡所說的：「當你真心渴望某樣東西時，整個宇宙都會聯合起來幫助你完成。」當我剛離開亞都不久，突然有一個特別的機緣，讓我的人生旅程出現了一個大變化，讓我從一個西裝筆挺的商業顧問，變成一個每天與餐桌、廚房為伍的餐飲創業者。而後，我接觸到影響我人生下半場事業與生命的精神導師——稻盛和夫，他的經營哲學和實踐之道，對我的創業之路產生莫大的影響。

走一條跟別人不一樣的路

大約是在二〇一一年左右，時任《商業周刊》社長的好友金惟純，介紹我認識美國哥倫比亞大學碩士畢業的慈善企業家梁正中，他表示自己想發展能幫助年輕人創業的健康餐飲事業，想在台灣找到一位合作夥伴共同發展新的餐飲文化。

經過一段時間的相互了解，我非常認同他的理念，於是我們開始合作。我大概花了一年，四處尋覓適合的品項，才找到穗科烏龍麵，開始第一次餐飲創業，也就是後來的稻禾餐飲集團。

跟梁先生合作後，他極力推薦我讀稻盛和夫。我讀了之後深受啟發，逐漸開啟企業經營上的一條大道。自此稻盛和夫成為我企業經營的精神導師。尤其當我發願幫助年輕人拓展事業，稻盛和夫對於如何將「利他」落實在企業經營上的準則，對我的助益特別大。

對我來說，叔叔是柔性領導，稻盛和夫是剛性管理。他長年親力親為，親身實踐利他助人，等於是把自己捐出來，總是用下班時間到日本各地去輔導盛和塾的塾生，幫助許多跟他毫無利益關係的中小企業，而且不畏辛勞，把這件事當成使命，這點讓我格外感動。

大企業透過捐款、興學或是蓋醫院來行善，是很常看到的形式，但稻盛和夫則是特別重視心靈和精神層面上的幫助。由於他相信心念的力量大於物質，就身體力行，透過寫書、演講和創辦盛和塾，以自己獨特的方式來幫助中小企業和個人。

擴大影響力，可以幫助更多人

研讀稻盛和夫，激發我深入研究他的經營之道。在他創業的第二年，公司好不容易有了起色，沒想到員工卻集體找他談判。員工認為幫他打拚事業，如今終於做起來，應該要大幅加薪、給他們保障，所以開了很多條件。一開始稻盛和夫很難接受，他覺得自己那麼努力，創業的資金都是借來的，太太也過得很辛苦，為何公司才剛好轉，員工就要來談判？

但是，到了第三天，他豁然開朗，認為自己應該要換位思考。既然員工為他賣命，他也應該給員工承諾，好好照顧他們，並答應要用餘生提升員工的物質和心靈的幸福。

一個老闆竟然能發這樣的願！尤其是在五十幾年前，稻盛和夫就有這麼進步的觀念，他在創業的第二年，就立志這一生要幫員工追求幸福，這是何等不容易的一件事。

而且在經營實務上，稻盛和夫非常嚴謹，他主張一個企業的稅前淨利率至少要大於一〇％，這樣才能提供優質的福利給員工。在管理上，他常說「小善如大惡，大善似無情」，這有點像是佛家講的「菩薩心腸，金剛手段」，也就是你的心要柔軟，可是在做事情上，必須思考怎樣做才是正確的。

如果你想要做到利他，要幫助員工、貢獻社會，難道這一生窮盡努力，就只經營個小公司就滿足了嗎？稻盛和夫努力帶著員工想要成為世界第一、業界第一，他認為這樣才能獲得更多影響力，去幫助更多的人。

五十歲找到人生的轉捩點

這讓我看到一個很不同的方向，也讓我有了不一樣的思考：到底創辦一個事業，是員工幫助公司達到目標？還是可以倒過來，讓公司幫助員工完成人生目標？

稻盛和夫曾對員工說：「我會用我的餘生，來追求你們的幸福。大家一起努力，來影響這個社會。」我覺得這是太有意義的一件事。因此，我馬上決定參加台灣盛和塾分會。

加入沒多久，就碰到二〇一二年的世界大會在橫濱舉行。世界大會它是一年一次，每次兩天，全世界的塾生大約有一萬多名，受限於場地，大約只能容納四千八百人，所以有名額限制，台灣大概只有幾十個名額。在這兩天裡，會有八位塾生上台報告，稻盛和夫親自講評，電視台也來做深度採訪。

這次世界大會帶給我很大的震撼和啟發。我驚訝的發現，一個民間組織竟然能號召近五千位企業家齊聚一堂，共同學習。

不僅如此，現場全程有專人同步以耳機做翻譯，看到與會者鄭重其事，台上八個人盡情分享如何突破經營和難關，人生如何從困境中逆轉等等，往往講到淚流滿面，止不住全身激動，場面相當感人。看到那麼多塾生都為員工、為客戶著想，成為實踐利他經營的企業，而我也有幸成為盛和塾一員，實在深感榮幸。

二〇一二年在橫濱的盛和塾世界大會上，我聆聽台上的感人報告，在激動的心情下，我拿出筆記本寫下目標：「我要用餘生成為一個利他的企業經營者，幫助一萬個年輕人發展事業。」並思考著如何成為一個有影響力的企業家。從稻盛和夫領悟到利他的思路，是我生命裡的一個重要轉捩點。

第一個在世界大會做報告的台灣人

就這樣，我從一家小烏龍麵店開始做起，業績也慢慢做出來。到了二〇一五年，包括一禾堂麵包等，總共開了十九家店，竟被推薦成為上台報告的八個人之一。

由於日本盛和塾本部理事石塚尚先生長期付出很大的心力，支持與輔導台灣盛和塾的成立，在他推薦下，我得以參加二〇一五年世界大會報告。

以日本的盛和塾來說，要能上台做報告，是要通過初選、複選、決賽，從區域的小型分享開始，然後才能夠上到大型活動去做報告。所以得知入選時，我很震驚而且猶豫，因為我自己的規模還小，內心非常惶恐。

我諮詢了幾位台灣盛和塾的前輩，他們都很支持我，也希望我可以代表台灣出席。我用了三個月時間準備報告內容，談到我創業的初衷與幫助年輕人的使命。

二〇一五年獲選上台報告前，我特別花了一些時間寫下名為〈把愛傳下去〉的講稿，說明三年來的心路歷程和實踐，記得當時有一段我是這麼說的：

〈把愛傳下去〉（節錄）

記得開店的第一年，我們只有兩家店面，梁先生建議我大膽啟用十六歲左右的年輕人，趁他們剛出社會時，就建立良好的心性。我聽了覺得很有道理，便接洽較偏遠的職業學校，希望能夠錄用半工半讀的高中一年級實習生。

幫助家境清寒的孩子

甄選當天，體育館坐著二百多個孩子，個個表情緊張，等著參加面試。現場來了幾家規模很大的知名品牌，沒人聽過我們公司，而我們最多也只能選八個名額，於是被安排在角落的一張小桌子，看起來很不起眼。我有些擔心，沒想到學校說：待會每家公司可以上台自我介紹十分鐘。我心想，太好了，一定要把握機會。

輪到我時，我對著大家說：「各位親愛的同學，我們公司成立的目的，並非為了我個人要賺更多錢，而是為了幫助許多孝順的夥伴，如果你的家裡環境不是太好，需要賺錢養家的話，請你來找我們，如果你是單親家庭的孩子，父母有一方不在身邊的話，也請你來找我們。我們會教導你們一技之長，改善家庭環境。但是，請你們一定要孝順，只有孝順，上天才會幫助你，這是最簡單而重要的道理。」

講完後，竟然有將近一百名同學來到我們面前排隊，老師和我們都很訝異，於是立刻將隊伍分成兩排，並且快速地詢問每個人三個問題：

1. 你的家裡環境如何？
2. 為何想來這裡面試？
3. 將來的夢想是甚麼？

我記得第一位坐下來的男孩子，低著頭說：「我的父親病了，無法工作，我希望能趕快賺錢，讓他病好起來。」我問他：「你的夢想是甚麼？」他竟說，我好想找我媽媽，我已經五年沒有見到她了……說著說著，這孩子就哭了起來，而我也不禁跟著流淚，我告訴他：「來吧，歡迎你來我們這裡。」

第二個男孩子說：「我父親的腳殘廢了，母親在工廠上班，家裡環境真的不大好。」我突然發現他的制服看起來太大件，而且上面的名字並不一樣，便問他是怎麼回事？他的回答竟是：「家裡沒有錢幫我買制服，這是學長送我的。」然後就低著頭，也開始流淚。我大聲告訴他：「要抬頭挺胸，不要哭，不要怕，這樣才能保護你的父母。來吧，我們歡迎你加入！」

第三位是個女孩子，父母都過世了，他看著我們說：「我希望趕快賺到錢，把我妹妹從孤兒院接出來。」

第四位也是個清秀的女孩，她說：「我每天必須半夜兩點起床，到魚市場幫父親整理魚貨，並且賣到中午才結束。我希望爸爸能快點退休。」

短短半個小時，我們面談了八位孩子，全部錄取了，而後面還排著長長的一排。我當下不知該如何是好？只好拜託學校多給我一些名額。但校長拒絕了我，因為按政府規定，每家店只能配置四位學生，而我們只有兩家店，沒法再增加了。我看著那些孩子的眼神，心裡很不捨，於是鼓起勇氣告訴校長說：「無論如何，請你給我二十個孩子，為了他們，我們馬上再開三家店。」校長吃驚地看著我：「你確定要這麼做嗎？」我說：「是的，在這些孩子報到以前，我們一定會把店開出來，請您不用擔心。」

希望用餘生來幫助一萬個年輕人

這些孩子果然沒有讓我們失望，個個都表現得很好，學長們帶著他們完成超乎預期的表現，我們都感到很驕傲。

今年，我們幫助最偏遠的台東孩子，回到家鄉開了一家店，而裡面的工作夥伴全是原住民的孩子，雖然當地只有二十萬的人口，沒想到生意卻非常不錯。我們將所有賺的錢都留在當地，希望未來可以照顧更多原住民夥伴。我內心非常高興，因為這樣的做法，就更接近社會型企業的理想。

結束報告前，我要感謝和我一起共事的 Vivian 副總和 Jason 總監，你們的付出遠比我辛苦許多。我更要深深的感謝台灣盛和塾及中國與日本盛和塾的塾友們；感謝稻盛先生大愛無私的奉獻。為我們企業家做出了經營的典範，您也是我們人生最好的導師，讓我們理解了「企業為何而生，人為何而活」。

感謝我的恩人梁先生的帶領，您給予了我最大的信任和支持，教導我們成為一個無私利的人。最後我也回想起您當時所問我的一句話：「你的餘生三十年想做甚麼？」

現在我可以很清楚的回答：「我要付出最大的努力，用餘生幫助一萬個年輕人發展事業，這是我的天命，要永遠的把愛傳下去。」

我的發表到此結束，感謝大家的靜聽。

通常每一個案例報告完，稻盛和夫都會給評語，有時候會直接批評或是勉

表彰状

経営体験発表会

優秀賞

盛和塾台湾
稲禾餐飲國際股份有限公司
總經理 嚴心鏞殿

貴殿は第二十三回盛和塾世界大会に於いて虚心に我が経営体験を発表されましたその内容は出席者に多大の感銘を与えられました

よって私は貴殿のご苦労と素晴らしい発表を称えここに頭書の通り表彰いたします

平成二十七年九月十六日

盛和塾

塾長 稲盛和夫

稻盛和夫是我在人生和企業經營上的精神導師。2015 年我在盛和塾世界大會得到優秀賞後，有幸與他一同用餐。

勵，當時他給我的講評大約是：「非常感謝您精采的發表，您從事非常了不起的工作，如同您所說的『把愛傳下去』那樣，您招募了很多來自窮苦家庭的孩子，讓他們能夠有一份很好的工作，成為一個很好的人，再次向您表示感謝。」

最後，二〇一五年世界大會的報告我拿到「優秀賞」，並且在會後有幸與其他上台報告的塾生與稻盛和夫一起用餐。這位精神領袖當時就坐在我的隔壁，我忍不住問他，三年前，我只是一個坐在大禮堂角落眺望著他的新塾生，而且公司的規模並不大，為何能夠入選前來報告？

他回答：「這個世界不缺大企業，但缺少的是有偉大夢想的企業，你一定要加油。」這句話一直到現在都還激勵著我。即使已經是快十年前的事情，回想起來我還是很感動。

稻盛和夫帶給我對於經營和人生的全新認知，他不僅是一位商業領袖，更是一位精神導師。在我人生的十字路口，稻盛和夫的哲學如同一盞明燈，照亮了我前行的道路。他教會我至關重要的概念：利他的精神。這不僅是一種商業策略，更是一種生活哲學，一種能夠引領我們走向更加圓滿人生的信念。隨著我創業過程中的親身實踐，更能感受到稻盛和夫先生的大愛，內心充滿感恩。

小野寺聰先生的感人共鳴

稻盛和夫先生退休後，在二〇一九年宣布解散盛和塾。二〇一九年九月的最後一屆的世界大會我也有參加，讓我記憶最深刻的，就是最後上台報告的小野寺聰先生。

小野寺聰原本經營房屋仲介，因為員工捲款潛逃，害他公司倒閉，還揹了一身債，他跟著太太和剛出生的嬰兒回到九州鄉下的娘家。岳父鼓勵他再做點小生意，給了他五百萬日幣再次創業，他就開了一個小店鋪，專賣純正好喝的果汁，結果生意很不錯。

原本他立下一個目標，希望能在五年內擴張到十家店，沒想到開到第九家時，他太太竟然過勞死。小野寺聽悲痛不已，等到太太葬禮結束，一個月後他也病倒了。

這時，他岳父告訴他：「你不能倒下去，因為除了你的孩子，你還有這些員工、跟你合作的農民需要照顧。而且我女兒一定也不希望你就這樣倒下去，你一定要振作起來。」

聽到岳父的話，他才驚覺自己的責任重大，覺得自己要振作才行，就重新發展事業。後來他的營業額大約做到一億多日幣，但還是想要多了解經營，就加入了盛和塾。

進來之後他才發現，原來以往都是用感覺在經營，很不可靠。應該要更有系統的學習，從「明確事業的目的與意義」開始做起，所以他發了很大的願，表示要用餘生來幫助員工追求物質和生命的幸福與滿足，同時也要照顧好跟他合作的農民。後來他的生意也愈做愈好。我們在聽他報告的時候，他一年營業額已經做到十幾億日幣。

當他講完的時候，大家都非常感動，他本人也在台上淚流滿面。回台之後，我透過日本的塾生聯繫他，表示我聽了他的故事非常感動，並提到也許未來可以有合作的機會。他說：「只要是你想做的，不需要談什麼條件，我都願意幫助你。」

我嚇了一跳，問他：「為什麼？」他說：「我在很多年前剛加入盛和塾，剛好聽到你的報告，帶給我很大的啟發，讓我發現餐飲業也是可以做成這樣子。」

這段機緣讓我更堅信，善的力量也像蝴蝶效應，是會擴散出去的。

03

有成就動機更能成事，懂孝順就懂感恩

我一向認為，幫年輕人找到成就動機和學會孝順很重要，
要是對父母不好，又怎會善待別人？
懂得孝順，做人做事才會更有柔軟心、更圓融。

「利他之心，待客如親」是我從事餐飲創業最重要的座右銘。這兩句話雖然只有短短八個字，當中的意思很深。要做利他的經營，必須先追求員工的幸福，包含物質和心靈的成長，這個很重要；再來是讓客戶感到滿足。基礎確立了，最後就是對這個世界有所貢獻。

對於員工的「利他」實踐，我最重視的兩件事，就是幫他們找到成就動機和影響他們孝順父母。因為一個人若能找到自己的成就動機，幫自己訂出想要完成的具體目標，做事就會自動自發；懂得孝順，就懂得感恩。

找到成就動機，工作和生活更聚焦

十年前我剛開始做餐飲創業之前，常看到很多年輕人，即使努力工作，但因為缺少目標，不但容易工作倦怠，對人生也容易感到茫然。如果問他，在幾年之內希望能夠達成什麼？很多人都說不出所以然。

做事如果缺乏目標，即使一開始有衝勁，但時間一久，很容易感到不知為何而戰。因此我很重視幫助年輕人找到成就動機，幫助他們對焦自己的人生與工作。我一直相信，唯有找到成就動機，才能真正樂在工作，帶著積極主動的精神去做事。

所以員工一進來，我會希望幫他們訂出一個具體目標，進而啟動對工作的自發性。為了深入了解每個人的能力與長處，我會跟幹部「心談」，透過深度的談話，幫忙做分析，釐清每個人適合或想要做的事，鼓勵他們去追求自己的目標。

有時候我會先請他想像五年後的情境——我們坐在同一個地方慶祝，然後我說：「恭喜你，你成功了。」接著問他：「對你來說，何謂成功？」有人會說：「我希望可以當店長。」也有人說：「我想自己開一家店。」我說：「這太好了，你想開什麼樣的店，在台北還是回到家鄉，是希望自己創業，還是讓公司來幫助你？只開一家嗎？還是開二、三家？」

就這樣，我會幫他們一個一個理出來，當他們把目標寫下來，就成為他很重要的目標，他也會自發性的用心工作。

這種心談，有點像是當年我叔叔嚴總裁幫我釐清人生的方向，然後找到成就動機。有很多同仁後來會跟我說，說他們從事餐飲這一行很多年，從來沒有一個老闆會跟他談未來，而且並不是我希望他如何如何，而是幫他們分析，幫他們找出自己想要的目標，活出他們自己的人生。我認為，即使對方打算之後要轉職，去從事別的行業，我也會幫助對方在有限的時間裡，達到某項目標，這樣才算不虛此行。

我覺得唯有幫年輕人學會「以終為始」，讓他找到做事情的自發性，才能對他們產生終身的影響。我最在意的，是從年輕人的內心產生影響，我認為一個人一旦有了成就動機，那種認真的樣貌，跟沒有目標的人絕對不一樣。一旦他找到自己的方向，後續不管是要留在我的公司，或是要出去自己創業，我都一樣高興。這是我發願幫助一萬個年輕人最重要的意義所在。

把同仁當成自己的孩子，關心他們的成長

以跟著我工作大約有十年之久的小戴來說，我幾乎是一路看著他成長。開平餐飲畢業的他，曾在鼎王火鍋工作，原本他對於未來並沒有什麼規畫。之前的公司總監介紹他過來，我就跟他心談，先是了解他成長的背景，他說在父親往生之後，他因為心裡難過，曾經比較叛逆，有一段時間每天都沉溺在打電動，甚至造成脊椎側彎。我和他溝通後，引導他了解自己必須接續父親留下的重擔，好好照顧媽媽和弟弟，撐住整個家，這個也算是他的成就動機。

後來他就訂下要成為店長的目標，這也啟動他對做事的自發性，讓他在工作上的表現進步很快。結果他十九歲進來，二十一歲就做到店長，成為公司最

年輕的店長，而且他當時負責的麵包店生意很興旺，每天都大排長龍。

當上店長時，他在臉書寫了一段話，跟天上的爸爸報告：「爸爸，我終於當店長了，覺得好高興，希望你在天堂能放心，我會認真工作，幫你照顧好媽媽和弟弟。」我和同仁看了都相當動容。

打從認識這些孩子起，我用了很多時間和心力與他們心談，某種程度我真的是把他們當成自己的孩子，一心只想著為他們好，只要他們發展好、覺得快樂，我就滿足了，看到他們成長，我就由衷感到快樂。

成功不必在我，青出於藍有時更勝藍

另外有幾位很有想法的孩子，也曾跟著我工作了幾年，後來自己出去創業，做得有聲有色。像是 Mason 和 Joanna 這對夫妻檔，工作非常出色，後來

服務業是情緒感染的行業，如果員工覺得不幸福，又怎會對顧客好。
《遠見》雜誌提供 / 張智傑攝影

出去自己創業，如今在竹北開了一家「麵包籽」烘焙坊，每次麵包出爐很快就被搶購一空。

最初他們彼此並不認識，分別前後來應徵，我花了很多時間跟他們心談，了解他們的特質和潛力，當成自己的孩子來關心。尤其Mason原本主修觀光旅遊，最初是來穗科烏龍麵做外場，我看他很會養魚，就把庭院池塘裡的錦鯉交給他負責，他很勤於研究，把魚都顧得很好。我問他：「Mason，你來這邊會想要做什麼嗎？」他說：「我要嚴總的位置，如果我當了總經理，幫你做現在這些事情，你就可以再去做更多事情。」

聽他這麼說，很像看到年輕時的自己。當我們決定開創麵包事業時，便選上他成為第一批先鋒，送到台中研習學做麵包。

接觸麵包後，他整個人都陷進去，他告訴我：「做麵包很有意思，養酵母就像在養寵物，很像養魚養貓，真的很喜歡做麵包。」後來我引導他設定目標，大約一年半，他就成為一禾堂店長。因為有了成就動機，他做事情的態度明顯跟別人不一樣，可以看見他很努力在學習如何經營一家店，想盡辦法研發產品、拉高營業額，很重視客人的感受，業績非常亮眼。

剛創立善菓時，我原本是希望Mason能來開創上善豆家，但他說他已經愛上麵包，擔心如果停止做麵包，他的手感、思維、想法和狀態可能會倒退。聽他這麼說，就像看到自己的小孩長大了，很是欣慰。他也告訴我：「我先到外面去磨練一下，未來要是我茁壯了，有一天如果您還需要我，我隨時會回來幫忙。」

而今，他們的麵包店還是守著當初的精神，不但堅持蔬食，甚至包裝袋是使用可分解的材質，比我們做得更好。最近他們還回來幫善菓屋新店做活動，讓我很感動。

從內在層面啟發自主性，百花齊放不用定於一尊

善菓底下每一個品牌的主管，不管是蔬慕、禪風茶樓等，我也同樣跟他們一一心談過，幫他們找成就動機。像是蔬慕最近回任的品牌總監，曾經是我們的顧問，他是一個很愛自由、不喜歡被約束的人，也是一個非常高標準的純素主義者，以往他在每個品牌都只待半年，半年後他就會去流浪。他去過很多國家，通常學一學就走，不會久留。此外，他也是一個很有個性的人，如果你叫他做一塊有奶蛋的蛋糕，他就會馬上辭職。

但是他告訴我，他跑了那麼多地方，覺得我們的條件是最好的，而且以善菓這麼多品牌來說，雖然並非全部都是純素，但新的品牌感覺都是往這個方向走，他很高興我終於要全力發展純素了。

我說：「Bryant 你知道嗎，如果你有四個孩子，一個很會讀書，一個很會運動，一個很會賺錢，一個很愛玩但是對父母很好，請問哪一個是你最愛的孩

子？都是啊。我們應該讓會讀書的好好讀書，會賺錢的好好賺錢，會運動的好好運動，不是嗎？你不能硬是要求那個很會賺錢的孩子去專攻運動，很會讀書的去專攻賺錢。每一個品牌都是我們的孩子，今天你加入我們，就是大家的夥伴，蔬慕等於是你的孩子，我絕對支持你。」

聽我這樣一講，他就理解了。雖然目前他底下的品牌可能只占二〇%，但未來只要能夠茁壯，就算占五〇%以上都沒問題，我樂見其成，但是我也提醒他，追求自己的目標不需要排斥其他品牌。我們會幫每個人找到各自不同的成就動機，但不會要求大家亦步亦趨照著公司規範走。

因此，蔬慕所有的產品設計，我都放手讓同仁自己決定。他們各自負責的品牌，等於是他們自己的小孩一樣。這個模式是我認為比較好的，也就是讓他們有更多自發性。

現在台灣有很多投資者，他們都在尋找明日之星，希望能找到一顆有潛力的樹苗，但是在樹苗長大的過程，其實是需要關懷與呵護，是需要被幫助的，我會希望自己能從旁多發揮一點助力。

學做事之前，要先學做人

有關「利他之心」的實踐，我有一個跟其他人很不一樣的觀點，就是我很在意同仁跟父母之間的關係，也就是我很重視「孝順」這件事。之前接受過一些媒體採訪後，我常接到很多朋友的詢問，問的不是蔬食方面的事，反而大家都好奇為何我會這麼重視孝順？

嚴格說，我對孝順的觀察有兩個層次：首先，最重要的當然就是幫助同仁找到內在的幸福；另一個則是由內而外，延伸到對待顧客的心意。這兩者都是「利他之心」。我這裡先談我如何將孝順的理念傳遞給同仁，協助他們改善與家人的關係，得到更圓滿的人生。後面我會再繼續談如何以孝順為核心，延伸成為「待客如親」的企業理念。

前面談到，幫助年輕人找到成就動機，可幫他們更能聚焦，讓事業發展更順利，但是回歸到個人的幸福，如果你對父母都不好，又怎麼會對別人好？所以我們的企業文化也會幫助同仁學會孝順，這個是我跟一般企業最大的不同。或許大家會覺得這跟經營事業無關，但對我來說，這反而是起點。

也就是，除了幫年輕人找到成就動機，還要啟動他對父母的孝心，學會對父母感恩，讓他成為一個內外兼具的優秀工作者，做對社會有意義的事情。很多年輕人來我們這裡，學到最多的，其實是對父母的關係。

為何孝順對年輕人來說這麼關鍵？首先，我們常會聽到「學做事之前，要先學做人」，這個「人」的根本，就是跟父母的關係。

我曾研究過許多成功的企業家，後來發現他們多半非常孝順，每一個人談到父母親時，都有很多對父母的感念，充滿了柔情。真的，幾乎每一個都是如此。

先學會孝，人生才會順

我與日本一流工匠大師秋山利輝有緣同為盛和塾的塾生，他也是一位很重視孝道的匠人。他曾親自帶著十幾歲的徒弟們，教他們孝順的真諦，並要求他們每天都要寫工作日誌，最後每個月匯集成一本再寄給父母，讓父母知道孩子住在木工作坊的點點滴滴。每個弟子做的第一件作品，都要送給父母，然後邀請父母來參加發表會，秋山利輝會親自跟徒弟的父母打招呼，告訴他們孩子的表現，再將作品送給父母，讓每個父母都感動不已。這個理念我非常認同，後來也花了一番功夫將他請來台灣授課。

新人面試時我會問他：「你的父母在做什麼？小時候你跟他的關係如何？現在又是怎麼樣？」只要願意學習孝道，我們都願意幫助他。

在我們公司裡，如果父母生日，當天帶父母來吃飯，將由公司招待。我也會盡量去認識他們，讓他們知道孩子在這裡工作有多棒，希望跟他父母能夠連結起來。我對第一批所有的幹部都是這樣做，這大概是我公司比較特別的一個做法。

掌握孝順四層次，人生不留遺憾

另外，公司內訓企業文化的第一堂課，就是我親自講授「利他之心，待客如親」，當中我也會深入對同仁談孝順的真諦，以及孝順的四個層次。

第一個層次就是「養父母之身」。對於新進同仁，我會問：「你覺得自己孝順嗎？」多數人都說不夠孝順，因為沒有自信。如果他說，我覺得我還滿孝順的，我就問他：「那你做了什麼事情？」很多人都會說，我都有賺錢給爸爸媽媽。可見多數人認為給父母錢是孝順，其實那個是最低階的，雖然孝親費也是很重要，可是並不是最重要的。你是否看重父母的身體？這個才是最重要的。

因為老人家為了怕你擔心，有時候身體不舒服也不會講。就像如果你問：「媽，你最近身體好嗎？」為了避免孩子操心，她多半會回你：「還好。」所以這個養父母之身，就是要時刻關注父母的身體狀況，才能了解他們的真實感受。

第二個層次是「養父母之心」。我認為，讓父母安心、放心，是為人子女最重要的一件事情。當然每個父母都不一樣，但方法其實很多。

你必須要察言觀色，才能知道你父母內心的擔憂。像是我母親的腸胃不好，但又不願做深度檢查，長年以來一直擔心會不會得大腸癌。發現她這麼擔心，我就帶她去做檢查，才發現原來是自己多慮。觀察父母的需求是需要專注的，所以我現在特別留意在與父母親相處時，要非常專心，

第三個層次是「養父母父之願」。父母這輩子是否有什麼心願沒有完成？有就要趕快去做，不要等到有一天他快走了，才問他還有沒有什麼願望。這

要花點時間去了解，之前我曾經在我人生最窮苦的時候，在我父母身體還健朗時，以十年時間帶他們跑了許多個國家，並且告訴他們這是員工旅遊，讓他們寬心，也讓他們玩起來更開心。直到現在，他們還是對之前的旅遊津津樂道，因為他們喜歡的事，我有幫他們滿願。

第四個層次是「養父母之性」。與父母之間，難免未必一開始就很契合，這時要先從自己的心態做改變，一旦自己的態度改變，父母的反應一定也會隨之改變，朝向一個正向的循環。所以，當你是很真心的在乎父母的身體，看顧好他的心，努力想完成他的願，他會改變，他會轉性。

因此，你看到他的內心少了隨時走了會遺憾的事情，甚至於他們將來走了之後想怎麼安排都可以一起花時間去研究、討論。我覺得這個是蠻重要的事情，因為這樣他才會安心，也不再會擔心萬一走了，後人會怎麼處理，怎麼安排？所以我現在更珍惜和父母相處的時光。

當我對同仁分享我對孝順的體會之後，也會開始跟同仁聊他們跟父母的關係。像是詢問他們的父母親身體狀況怎麼樣？是否知道父母親內心還有什麼心願等等，經常當我講完大半堂課之後，台下已經哭成一團。

孝的力量，讓生命逆轉

我曾多次見證到孝如何改變一個人、一個家庭。善菓有位同仁叫做小宋，從他身上我就看到孝的力量。最初是某天他的姑姑從美國打電話來，先是留言說她在網路上看到我的採訪影片想找我，打來我公司，找了幾次沒找到。後來我回電給她，她就說能不能拜託我跟她姪子見一面。

我說：「好，但是為什麼呢？」她說：「因為他爸媽都不在，但是我又改嫁到美國。雖然很關心他，卻無能為力，希望你可以幫幫他。」我說：「好，我願意試試看。」

後來我約了小宋在新竹善菓堂見面，陪他來的是他姑姑的兒子，他表哥看來和善，但小宋一身刺青，穿著滿緊繃的衣服，把我嚇了一跳。我跟小宋說：「你姑姑對你真的是很關心，還專門打電話給我，可不可以告訴我你跟姑姑的關係如何？」他說：「我爸媽都不在了，只有姑姑還這麼關心我。」

後來我又問他之前從事的職業，他說他原本跟著一些朋友鬼混，後來經過姑姑苦勸，所以改成去做火鍋店工作，負責開車送肉送貨之類的。因為姑姑學佛吃素，就希望他也可以從事蔬食業。

我就跟他說：「小宋，如果我是你，一定會把姑姑當作是自己的媽媽。因為說實話，你姑姑願意誠心打這個電話，可見她多麼重視你。」聽我這樣講，他當場就爆哭，我和周遭的人都嚇了一跳。原本我覺得他已經有工作，而且也沒把握能夠帶得動他，但當下看他真情流露，就問他：「小宋，看起來你是很真心感謝姑姑，如果你願意，我很歡迎你來我公司工作。」

後來不單是他，連陪他來的堂哥都一起來善菓工作，一位在中央廚房擔任廚師，一位則是做行政管理，兩個人都做得很出色。從他們身上，讓我相信，只要喚起本性中良善的那部分，經過滴水穿石的影響，就可以提升心性，在工作中得到成長與發揮。

像是公司三個月前來了一位負責食品工廠的新總監，他是一位留學歸國的博士，對於食品非常專業，可以說算是相當聰明而專業的一位人才。他之前待的公司是幾千個人的大工廠，但我們的工廠很小，沒想到他竟然願意過來，而且有一個上市集團想用兩倍薪水挖他，他也不為所動。前陣子他母親不太舒服，要住進醫院，他還立刻發願為母親吃素。

當然，這些例子並不代表我們所有的員工，但是我跟我的核心幹部們，都親身見證成就動機和孝順所能產生的力量，我也希望他們能夠將這種利他的信念和愛傳下去，繼續影響更多的工作夥伴，發揮滴水穿石的正向力量。

分享與回饋

幸好我有留職停薪照顧爸爸

劉興壕（善菓餐飲暨上善豆家品牌總監）

我在很年輕的時候就北上工作，當時與家人的關係比較疏離，一年大概跟爸爸講不到幾句話。後來跟著嚴總工作之後，公司對孝順的重視，慢慢對我起了一些作用。

大約三十幾歲的時候，爸爸突然罹癌，讓我不知該如何是好，幸好有嚴總的關心與深聊，讓我做出這一生中的重要決定：留職停薪照顧爸爸，專心帶他去做各種治療。雖然爸爸一度好轉，我也恢復上班，但後來爸爸的病情再度復發，無奈還是走了⋯⋯。

回憶起當那段照顧爸爸的日子，每天幫他穿襪穿鞋，之前疏離的關係也逐漸破冰，有了深刻的交流與對話。爸爸過世後，我回桃園和媽媽一起住，多少彌補了年少時的缺憾。回想起來，若不是有嚴總這樣的老闆一路支持，我很可能會錯失和爸媽相處的機會，而留下終身遺憾吧。

在工作上，嚴總是一個不會發脾氣的人，當意見不同時，他也不會用權威壓同仁，頂多就宣布讓會議暫停一下，等大家過一會兒冷靜下來，重新思考問題後，再繼續開會。

雖然嚴總對人寬厚，但對於事理其實是有定見的，像是禾穗麵屋開張時，嚴總曾為了菜單要不要增加溏心蛋而堅持了半年，他說：「禾穗麵屋的定位是 Vegan 純素，不應該有蛋。」後來我拗不過他，放棄溏心蛋這個選項，沒想到開幕後馬上遇到缺蛋危機，門市沒有受到影響，而且同仁也發現，很多堅持 Vegan 的客人就是衝著純素而來。這些小事，都讓我更加佩服嚴總的堅持原則和決斷力。

學會擁抱父母，家族關係變得更親暱

沈享儒（善菓屋店長）

因為嚴總重視孝道，受到公司文化薰陶，不知不覺我也逐漸有了改變。過去雖然知道孝順是一件好事，卻不知道該怎麼做，之前嚴總曾在公司教大家一些表達孝心的方法，像是擁抱父母等。我第一次試著擁抱父母時，肢體雖然僵硬，卻覺得很感動，現在我不但學會擁抱，有一次還順便在爸爸的耳邊說：「爸爸，謝謝你啊！」爸爸也回我：「照顧好自己的身體！」這種感覺真的很好，後來其他的家人逐漸感受到改變，整個家族也建立起告別時擁抱對方的習慣，彼此的關係也變得更親暱了。

04

發揮金三角精神，把愛傳出去

為了幫年輕人釐清自己準備好了沒，
我特別設計了「創業自問」，
當中有一條比較特別的「金三角」模式，
除了有其經營上的實務考量，
更蘊含了以一傳三，「把愛傳出去」的精神。

我一向認為，當年輕人找到成就動機、也學會孝順以提升內在心性，在做人做事方面才算是打好地基，有了一個好的開始。但是，從現實面來看，當年輕人進入社會或是開始創業後，才是考驗的開始。

社會上有許多年輕人懷抱餐飲夢，有些人可能有一點手藝，也獲得稱讚，就想嘗試開個小店。但其實，在台灣開餐廳的失敗率很高，一般新的餐飲店在兩年之內的失敗率大約有七〇%，三年內的失敗率則高達八〇%，而且蔬食餐廳更加難做。

以我自己的品牌來說，即使已經做了很多功課和準備，資金也很充足，底下的品牌大約也只有三分之一成功，三分之一持平，三分之一則是賠錢，可見餐飲業雖然入行門檻低，但要長久維持是很不容易的。

用「創業自問」做分析，先找到拳頭商品

我曾看過很有才華的年輕人，在親友的援助和支持下，又跟銀行貸款，滿腔熱血開餐廳，最後以慘賠告終，甚至開始負債，把人生的腳步都弄亂了。我覺得這樣很可惜，會覺得與其讓他們盲目亂闖，還不如讓有經驗的人來帶領他們，讓他們有歷練的機會。等到在這個池子裡訓練好了，就可以出去更順利的創業，降低失敗的風險。

善菓自二〇一七年成立以來，幾年下來我們創了六個品牌、十一家店，由於每個品牌都要重複走一遍開店流程，長期下來也累積了相當豐富的SOP，相信可以當同仁有力的靠山，做為他們創業的培養皿。

為了幫助有志創業的年輕人，我特別研擬了一份「創業自問」清單，是我十幾年來擔任顧問和親身創業所累積的寶貴心得。每當遇到年輕人想走上創業之路，請我給他建議，我就會以顧問的角色跟他們懇談，幫他們釐清自身的想

法與實力，了解自己是不是真的準備好了。

曾有一位朋友的兒子心心念念想開餐廳，他父親就請孩子先到我店裡實習三個月，當實習完畢後，我用「創業自問」幫他做創業評估。一開始他頗為自信，洋洋灑灑寫完問卷後，我再一條條幫他深入做思考，結果，他才驚覺自己其實並沒有真的準備好。

在「創業自問」中，我列出了十五個核心問題：

1. 令人讚賞的拳頭商品為何？
2. 內外場團隊金三角是否成型？
3. 同業最大競爭對手為何？
4. 超越對手的關鍵能力為何？
5. 定價策略為何？（消費族群與菜單定價）
6. 開店費用預估（細目另列）

7. 營運試算（每客單價預估與每日來客量預估）
8. 成本預估（細目另列）
9. 如何預防同仁被挖角？
10. 如何激勵同仁每日保持高昂戰鬥力？
11. 如何招募好人才？
12. 主管如何以身作則，與大家同在？
13. 升遷制度及標準？
14. 企業精神與理念？
15. 每日定課（內場與外場）

這些項目看起來好像很簡單，但如果真的一項項深入認真作答，就會發現每一條的內涵很深。因為是「自問」，這些問題不是考卷，也沒有標準答案，每個想創業的人都可以用它好好來檢視自己是否做好準備，包括主打商品、合作夥伴、資金、理念、技術和管理都要面面俱到，絕對不是做幾道好菜、或是開發了幾項明星商品就足夠的。

「創業自問」第一條就是「拳頭商品」，你也可以說它是「明星商品」、「主打商品」等。對我來說，它的標準就是「久吃不膩，經常想念」。

海鹽奶油捲就是很成功的拳頭商品，最早我們每天一開店，外頭就大排長龍，大家就是衝著海鹽奶油捲而來。所以，我都會告訴想創業的年輕人，一定要先有一個拳頭商品，有了它，店就比較沒有風險。

以「金三角模式」展店，讓愛傳出去

此外，在第二條有一個比較特別的團隊模式，我稱之為「金三角」模式，這個金三角主要是由一正二副所組成，也就是一位店長和兩位副店長（通常會是主廚、外場），想要創業的同仁都可以湊齊這個金三角，只要訓練有素並通過公司的考核，公司就會提供資源幫助他們出去開二店，若將來他們店裡又出現了合格的金三角組合，公司就再繼續幫忙新的金三角組合去開三店、四店……，就像聖誕樹一樣，愈長愈大。

這個金三角另外也有它在人際互動上的重要平衡。我常會遇到同仁問：「為什麼一定要三個人，二個人或四個人不行嗎？」

就我實際擔任顧問的經驗來看，經常會看到一群朋友合夥開店，一開始大家開開心心，等到開幕後，不管賺不賺錢，一定會有意見分歧。這時如果只有兩個人，意見不同時會吵得不可開交，無法做出結論，但如果人數太多，又容易形成小圈圈，造成內耗。此外，開店總是會遇到排班的問題，三個人要相互支援也比較有彈性。

這個金三角模式，是我從眾多創業案例歸納出來的，看似簡單，卻有其在人際關係和管理學上的道理，也是我個人的真實體驗。

當初我在設計這個金三角時，除了實務上的考量，當中還蘊含了一個很重要的內涵，就是「讓愛傳出去」，這是來自我很喜歡的一部電影《讓愛傳出去》（Pay It Forward）。

在片中，年僅十一歲的崔佛來自單親家庭，媽媽每天兼兩份工又酗酒，母子兩人的生活過得很辛苦。有一天新來的老師出了一個作業，要同學們想出一個改變世界的方法，而且是要可以付諸實行的。崔佛交的作業是「讓愛傳出去」，就是「以我為中心，幫助三個人，不求回報，只是請受到幫助的人必須再去幫助另外三個人」。

沒想到，與辛苦工作的母親相依為命的崔佛真的去實踐想法，把流浪漢接回家住，照顧他，讓他享受家庭溫暖，也從此啟動了「把愛傳出去」的連鎖反應，形成巨大的正向影響。只是很不幸的，有一天崔佛在學校為了保護同學，被不良學長刺了一刀過世了。

這件事和男孩的義行經過媒體披露後，有成百上千輛車子專程從各地趕來悼

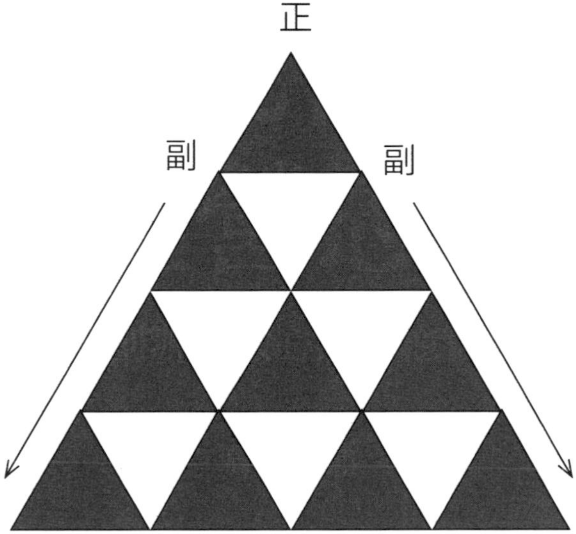

「把愛傳出去」的金三角模式

念他，因為他當初播下的一顆善念種子，經過金三角的傳播，改變了許許多多人的生命……。這也就是我想藉著金三角模式，把愛傳出去的更深層的意思。

我相信，只要同仁來我的公司，經過一年兩年的薰陶，就會有很大的不同，從沒有人生目標、憤世嫉俗到關懷父母、幫助別人，我很在意能夠影響這些孩子。以麵包籽來說，他們夫婦兩人真的有學習到當中的精神，繼續實踐利他，善待他們的同仁，這個就是我所說的「把愛傳出去」。

以心談引導方向，訂定具體目標

善菓的同仁若是想要創業，我就會花時間與他們心談，引導他們思考五年後的目標，先找到成就動機，像是最有興趣的餐飲是哪一類？比較喜歡擔任店長、主廚或外場？如果想要創業，地點會選在台北或是返鄉，還是海外？

然後我會以稻盛和夫的觀念，建議他訂出具體的時間或數字，像是在幾年後想開幾家店？主要賣什麼品項？店鋪長得什麼樣子等等。因為有了具體的形象，有助於達成心願，而且有了明確的目標，努力起來才會有方向。

我也會依據每個人的目標，幫他們設想如何逐步實踐。如果沒錢，公司可以投資；如果擔心才能不夠，我們會栽培、訓練他。員工會因為工作有了目標，而不再那麼心浮氣躁，工作起來更有精神。

而且幫他們找成就動機，並不是對我的承諾，他們不需要有壓力，他們如果覺得不適合，也可以打消念頭。我也碰過有些年輕人一開始全力衝刺，最終還是不想創業，畢竟喜歡和實際創業是不一樣的事。

對於決心創業的人，我們的計畫是讓店長認股六％，主廚五％，副店長四％，也就是假使開一家店需要三百萬資金，店長必須出資十八萬，其他兩位各出資十五萬、十二萬，其他則由公司補足，而每季則享有自己的紅利分紅。如果他們沒有錢繳付入股金，也可以向公司貸款，再以每個月扣薪一萬的方式還款。將來他們的店若經營得很成功，把成本三百萬都賺回來了，公司會再另外贈送獎勵股，也就是店長從六%的股份躍升為一二%，其他兩位則各自躍升為一〇%和八%，他們年底的分紅獲利也就倍增了。

善菓的品牌非常多，不同品牌的創業成本不同，對有心內部創業的人來說，選擇非常多元。之前同仁主要都是開二店，而非創始店，在既有的創業經驗與資源做後盾之下，創業成功的機率一般來說可以大幅提升。

在疫情爆發前，我們已經複製了兩家善菓屋麵包店、一家上善蔬食中式麵店。只是不幸遇到疫情，讓我們暫時停下腳步。之前見疫情一直不見改善，我擔心年輕人血本無歸，就以公司名義購回他們的股份，希望疫情回穩之後，可以盡快恢復，再重新啟動這個金三角展店的計畫。

互助共好，成功不必在我

由於我從事餐飲創業最初的成就動機就是幫助一萬個年輕人，所以即使同仁要出去自己創業，開設自己的蔬食品牌餐廳，我也樂觀其成。

蔬食餐飲不是一條好走的路，如果有人願意做蔬食，就很不容易了。對我來說，有愈多年輕人願意投入蔬食餐飲，就像是成立一個蔬食陣線，互助共好，大家一起來推廣蔬食，讓蔬食人口愈來愈多，這也圓滿了我另一個推廣蔬食的利他之心。

因此，只要是我能夠幫助年輕人發展蔬食創業的，不管是什麼形式，我都很願意盡一份心。

分享與回饋

感謝關愛與栽培，幫我們找到成就動機

Joanna（麵包籽共同創辦人）

我最早是在國外念餐飲，回台後就到之前實習的晶華酒店做餐飲行銷，雖然環境不錯，但因為我從二十歲左右開始吃素，久了覺得跟我的信仰有點衝突，就辭職另外找工作。

後來剛好我媽參加一個法會，回來後跟我說有一個老闆去做分享，很感動人心，問我要不要去試試。我透過主辦單位問到電話，結果當天下午就得到回音，覺得全宇宙都在幫我，就馬上打給嚴總。

簡單自我介紹之後，他馬上問我：「你現在在做什麼，要不要來我公司？記得把履歷寄給我。」後來嚴總花了大概兩三個小時跟我面談，還帶

我參觀過各個品牌，幫我做分析。當週我就進去從一線做起。

嚴總對待同仁一向是很大方的。有一年冬天天氣很冷，雖然制服滿厚的，但店門開開關關還是會冷，他那時過來巡店，發現我們臉色有點蒼白，就馬上請當時的店長去附近的UNIQLO，買了一些素色黑外套給我們穿，大家真的是太意外了，很少會有老闆會這樣打從心底關心同仁。

後來我升為外場主管，因為生意很好，身心一直都緊繃著，有一次我重感冒，延續一兩個禮拜，聲音完全沙啞，但還是用意志力一直撐著，沒有請假去看醫生。

收班的時候，嚴總打電話來關心店裡的狀況，他一聽到我的聲音就說：「你感冒了啊？」我說對啊，他又問我有沒有去看醫生，我就說：「還沒時間，會再找時間去看？」然後就電話就掛掉了，大概過了五分鐘，他又打來：「你的症狀是什麼，你跟我講。」我說頭有點重重的，然後喉嚨不舒服……拉拉雜雜講了幾個症狀。

大概在收班完十點多的時候，他突然出現在店門口，然後拿了一包藥給我，那時候我真的非常非常感動，因為當下那個藥對我還滿重要的，連現在回想起來，都還覺得怎麼會有這樣的一個老闆，這麼真誠的關心我這個年輕人。而且他不是只有對我，他是對每個人都是，這件事情讓我非常印象深刻。

他永遠都是把我們放在他自己前面，常常看到他已經累壞了，但還是坐在辦公室，跟我們講話三、四個小時。我能感受到，他每次在對談裡都是用盡全力，用各種方式和不同的角度在幫助我們。

嚴總讓我最印象深刻的，就是他不跟你講數字，但是卻會影響你從最根本的問題上做轉變。他會去發現每一個夥伴真正的需求和渴望，幫我們找到成就動機，進而啟動每個人的內心，讓同仁自動自發設法把事情做好。

我跟我先生有一個很大的共識，就是我們對很多事情會有一種美的堅持，但這個美並不只是東西漂亮，而是一種出自內心的感受，就像嚴總那樣子真心的去關愛身邊的事物。

我們很感謝嚴總長期以來這麼用心的栽培我們，所以只要他有需要，我跟我先生都會義不容辭跑去台北協助他，這也可以說是我們的一絲報恩心意。

05

以人為本，
計較是貧窮的開始

從創業之初，我就很重視「以人為本」的精神，
待客如親的內涵首先就是要把客人當成家人般對待，
我相信只要善待同仁，他們自然會提供最好的服務給客人。

身為創業主，以往大家可能比較重視「將本求利」，但我更在意的是「將心比心」。從研發食材、製作餐點到服務，我總是再三告訴同仁，要把客人當作自己的家人，一旦你將顧客視為家人，就會想把最好的東西帶給他們，也比較能換位思考，從他們的角度想事情。

另外，我也會提醒同仁「計較就是貧窮的開始」，在用料上不要只想著壓低成本，面對顧客的種種要求和抱怨，也要回到待客如親的初心，不要為了一點小事斤斤計較。

先讓同仁幸福快樂，創造正向循環

其實，「待客如親」的核心精神來自「以人為本」，我們希望同仁能做到待客如親，首先我們就會先將同仁當成親人來對待。

我一直相信，要先讓自己的員工快樂，當他們身心安樂了，自然就能提供最好的服務給客人。我的公司如果是為了幫助年輕人而創立，好好照顧員工就是我的首要考慮。

之前我曾經與公益平台合作，在台東做公益麵店，是由幾位原住民孩子負責。這個店的緣起來自閒置的建築，它原本是一個沒有人招標的歷史建築，當時的副縣長知道我在幫助年輕人創業，就委請我將它規畫成完全給原住民孩子來做經營，因此我也將當時的第一家分店拉到台東。

這批孩子也是我們第一次訓練的建教生，在進廚房之前，我更重視的是幫他們先好打地基，告訴他們要重視健康、孝順、專業、正向、助人這五件重要的事。

首先的第一件事就是要學會健康，不但給客人吃健康的食物，自己也要健康。我曾經看過很多廚師有一些壞習慣如抽菸、喝酒、打牌等，不但自己身體弄壞了，對烹調餐點也很隨便。

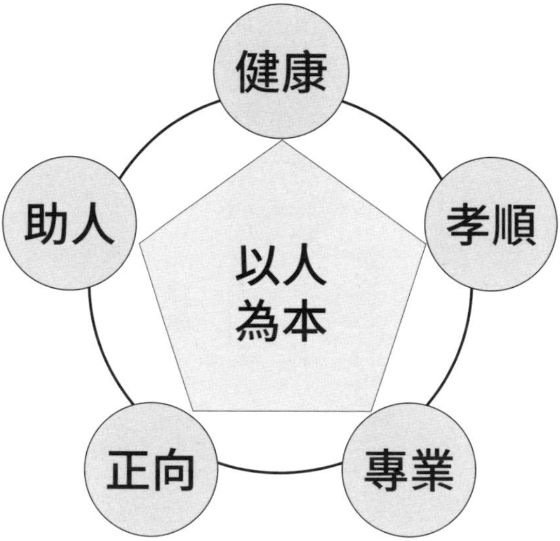

「以人為本」的核心精神

其次，我會教他們重視孝順，再來學專業的技能，然後要成為一個正向的人。我認為正向這件事很重要，我會希望同仁來我店裡工作，要很開心、很正向，最後才能去幫助別人。

當初我去高雄中山工商招募的第一批建教生，因為他們從南部上來，我們就租了一層樓，裡面有四、五個房間，因為以他們的收入，在台北租一間房子，負擔會很大。之前新開幕的善菓堂位於新竹，因為竹北有些員工是從台北調派過去的，公司租了一棟包含七個房間的樓房，讓他們享有一人一間的待遇，大大減輕他們的負擔，而且我們還供應員工餐，一天兩餐。住跟吃解決了，就可以沒有後顧之憂的專心工作。

早期我曾經請人資規畫了八個運動社團如籃球、瑜珈、慢跑、單車等，由公司聘請老師、安排場地，讓他們養成固定的運動習慣，另外也有日文社、讀書會等，只是後來疫情來襲，打亂了公司的步調，希望未來再恢復。

在晉升方面，我們也規畫了清楚的晉階：基層夥伴、學長、資深學長、副店長、店長。讓在他們在不同階段，有清楚的晉升目標，等於是有樓梯要爬，至於這樓梯要多久才能爬完就看個人，有人五年，有人兩年，也有人還一直在努力中。

稻盛和夫在他的著作《六項精進》裡曾提到「積善行，思利他」的重要性，我也以此為圭臬，鼓勵同仁行有餘力，就要學習助人。

我曾經在公司內部發起自動捐款給世界展望會，認養非洲的貧童，當時我的目標是認養一百個，公司五十個，另外五十個由同仁來認養。由於認養一位需要一千塊，我怕他們負擔太重，就提出可以四位同仁共同認養一個，每人每月只要出二百五十元。沒想到後來他們認養了二百七十二個，公司公佈欄都貼滿了非洲孩子的照片，幾乎每個同仁都認養了。

把客人當家人，用心研發不計成本

我們希望透過公司文化的薰陶，同仁能秉持把愛傳出去的精神，讓客人自然而然感受「待客如親」的心意。從研發產品、開發食材到服務客人，我會希望同仁都可以思考：如果今天是我的父母親來用餐，我會怎麼做這道菜或這項產品？我會如何從打從內心去招待、關心他們？

對我來講，這已經是一個核心價值，就像有些商家可能覺得用一磅兩百塊的咖啡豆就可以了，為什麼我們要去用一磅四百塊的豆子？試想，如果你今天要為心愛的家人煮一杯咖啡，你當然會希望他們品嘗到真正的好滋味，而不是隨便煮一杯提神就好。

正因為將顧客當成自己的家人，所以我們提供的餐點，在能力所及的範圍內，會盡量採用優質食材來製作。在研發產品時不會限制成本，就像我們對家人的愛也沒有限制一樣。很多東西表面上可能看不出來，但是如果細心體會、品嘗，就能感受到當中的差別和心意。

學習用客人的角度看事情，在製作餐點時要先了解顧客的需求，才能滿足客人真正的需要。以善菓代營的植境來說，有一位吃純素的熟客很想吃美味的甜點，同仁得知後，就發心要製作無蛋奶的巧克力蛋糕，參考了很多國外的視頻，再反覆試作後，不惜成本研製，最後果真製作出不使用牛奶、雞蛋，口感滑順濃郁的純素巧克力蛋糕，讓那位熟客感動萬分。

設想周到，讓人從「喔」到「哇」發出讚美

日本有句俗語說：「心軟了，腰才會軟。」當你想到父母、親人時，一定是最柔情的時刻。當你可以生出柔軟心，就會更願意彎下腰去服務別人。

我們內部有一個「善菓精神二十條」，像是「我要成為真心感謝客人的

人」、「我要成為主動打招呼的人」、我「要成為言語和善有禮的人」、「我要成為能為他人著想的人」、「我要成為注重儀容的人」、「我要成為擅長打掃整理的人」等，其中的內涵與精神，就是希望同仁可以從待客如親的精神出發，培養出服務別人的柔軟心。

只做到不出錯是不夠的，若行有餘力就要多做一點。當客人感受到的接待超出原本期待，從心底自然的發出一聲「哇」（WOW），那你就成功了。

讓北歐航空重返榮耀的執行長詹・卡爾森（Jan Carlzon），他最有名的「MOT關鍵時刻」理論談的就是這個。因為顧客的感受是會累積的，當客人一踏進店裡，所感受到的點點滴滴就開始累積，若累積的是不好的體驗，最後就是失望的「喔」，如果累積的是愉悅感受、超過期待的待遇，最後就會匯聚成一聲讚嘆的「哇」字。

就像上面提到的，當同仁為熟客做出一塊純素的美味巧克力蛋糕，客人心裡的感受就是「哇」，這種肯定比什麼讚美都讓人開心。

在餐廳的服務方面，我也會請同仁多留意每位客人的獨特性。例如老人家牙口不好，適合軟嫩的食物，小朋友則會需要兒童餐具；有些客人喜歡圍坐聊天，另一些客人則習慣坐在角落靠窗的位子等。若能尊重客人不同的習性，才能滿足不同的個人需求。

更進一步來說，對於熟客，若員工可以先一步為客人設想周到，就會更為加分。像是有熟客習慣喝溫水，有的則喜歡椅子的後背有靠墊，也有些客人是吃全素而不要蛋奶等等，如果招呼時就能記住這些，並在對方一蒞臨就預備好，就是想在客人之前。

為了精益求精，我們每家門店每天都會做現場報表，記錄當天內外場所發生的大小狀況。每天晚上打烊後，同仁會將報表上傳到群組，有什麼特殊的狀況，就會立即做檢討，從錯誤中快速得到學習。

將抱怨視為禮物，計較是貧窮的開始

從事餐飲業，難免會收到客訴，這時我會提醒同仁回到待客如親的初心，從客人的角度去看事情。無論是對人對事，唯有學會換位思考，才能將心胸打開，透過轉換心念，才能吸收更多正能量，若凡事斤斤計較，只會限制自己的格局。

我相信來店裡消費的顧客，若不是真的有委屈，絕不會為了一點小利故意找碴。所以面對客人的抱怨，我總是要求同仁在第一時間要抱持正面的態度，我告訴他們：「客人的抱怨其實是一個禮物。」因為客人的抱怨可以幫助我們檢視自己的不足。

在我的經驗裡，當客人對餐廳感到不滿時，通常會有三種反應：第一個是直接告訴餐廳，希望你改善；第二個是不告訴餐廳，然後回家後上網告訴全世界；第三個也沒告訴餐廳，也未必上網抱怨，但就從此不來了。

以這三種反應來說，當然是第一種最好，這代表客人對這家公司還有期許，幫我們找出原本不知道的問題，也給我們機會做改善。在我真實的經驗裡，很多客人一開始是來抱怨的，但因為同仁反應得宜，最後客人反而更信賴我們，甚至變成忠誠顧客。

當然，因為現在少子化又缺工，我們也有不少來兼職的年輕人或是新進員工，在服務方面難免有缺失。我的原則是：不要怕犯錯，重要的是犯錯之後要如何做彌補和改進？年輕人來自四面八方，各有不同的背景和經驗，需要的是多一點理解與寬容。剛進公司的同仁有些習慣也許還改不過來，但我相信，只要在我們這裡工作幾年，應該都會有改善。

不裁員、不減薪，挺過疫情明天會更好

基於幫助一萬個年輕人的發心，為了達成目標，這幾年來我一直忙創新品牌。很多人擔心兩年疫情下來，會不會造成衝擊。從現實上來看，的確有影響，因為大家遇到疫情，不知道止跌在哪裡，所幸當我去跟銀行貸款時，因為過去的 credit 不錯，銀行看了我們的資料之後，馬上就同意借給我們資金。讓我可以堅持不裁員、不減薪的原則。

對於如何因應疫情，台灣盛心塾的指導顧問帶領我們以稻盛和夫的教導為師，稻盛和夫曾說，要度過不景氣，有五大對策：

- 對策一：全員營銷、全員教育
- 對策二：全力開發新產品
- 對策三：徹底削減成本

- 對策四：保持高生產率
- 對策五：構建同仁信任關係

第一、全員營銷、全員教育：就是大家都要動起來，不分職位，參與培訓課程，共同推廣公司開發的線上食品。

第二、全力開發新產品：我們就是在疫情時期開發出二十項冷凍食品，同仁也開始聯繫老客戶，告知他們我們開發了很多新產品，可以在家方便的食用。我們甚至成立自己的車隊來配送。

第三、削減成本：重新檢視，調整商品結構，降低滯銷及庫存風險。

第四、保持高生產率：我們不裁員，那時候為了保持高生產率，每天製作很多便當，配送去醫院給護理及警務人員，我們也壓低價格，薄利多銷販售精緻餐盒，讓餐廳保持高生產率。

第五、建構同仁信任關係：這裡的信任關係，主要就是給同仁信心，讓他們知道公司會照顧你。當時有很多餐廳原本生意很好，但疫情一來，就馬上歇業、裁員，等疫情過了之後，老闆再去找他們回鍋，很多人不願意，因此流失許多員工。

由於我們照著稻盛和夫的五大對策來做，所以在疫情的時候，反而讓同仁的向心力更強，而且意外拓展出冷凍蔬食這一塊市場。

我一直相信「花香蝶自來，功到自然成」的道理，回顧從當初秉持要幫助年輕人的初心，一路走來，雖然遇到很多困難和挑戰，但有這個利他的大願支持著我和同仁，讓我們幸運的撐過這幾年疫情。

分享與回饋

「我們一起來想辦法就好。」

戴翊哲（善菓堂店長）

我跟著嚴總工作是從穗科烏龍麵時期開始，應該快十二年了。印象最深的，就是有一次他突然跑來店裡，看到大家都在忙，他就跑去洗碗，我嚇了一跳，馬上說我來就好。但嚴總說沒關係，他幫忙洗個碗，可以順便看看客人都剩些什麼。我當下就覺得他是很專業的經營者，因為他會想要知道客人喜歡吃什麼。

他跟我們相處沒有距離，真的不把你當員工看，就是把你當朋友。受嚴總提拔，我二十幾歲當上店長，一下子要管理同仁、服務客人和盯營業額等，曾經壓力太大就陷入低潮。一般外面的公司一定就是稽核，如果不

OK就刷掉，但當時嚴總卻跟我的直屬主管說：「為什麼我們不陪他走這一段？」

這句話讓我記憶很深。當時他也沒有特別做什麼，就是靜靜在旁邊陪伴著，跟我們聊天，然後讓你知道他是支持你的，這對我鼓舞滿大，也幫助我克服了難關。

他真的是帶人帶心，什麼都身體力行，他說到的事情，就會一股腦往那個方向衝，不管怎麼樣就是要完成。在下目標的時候，他會很堅定，但那是對他自己，他對我們不會設定什麼像是「一定要得米其林」「一定要做到什麼營業額」這種目標，他比較重視的是，我們是不是服務好每一位客人，讓客人都吃得開心滿意。

另一件讓我覺得很厲害的，就是在疫情那段時間，餐飲業很多會減薪或放無薪假，但當時我們這些正職人員完全沒減薪，也沒有放無薪假。當時每個月看報表簡直快抓狂，但他只淡淡的說：「我們一起來想辦法就好。」他就是想盡辦法來因應。然後我們開始推出便當、個人防疫套餐，然後自己配送。

剛進入餐飲業時，沒有期待年收會有多好，但是前幾年在餐飲業績比較旺盛的時期，因為公司有分紅，曾經做過每個月六、七百萬的營業額，當時我去刷存摺時，還懷疑金額是不是匯錯了，很顛覆我對餐飲業的舊印象。

此外，嚴總對員工真的很照顧，尤其來竹北善菓堂之後，這裡從設計裝修開始，就是走環保無毒、零甲醛，空間開闊很舒服，就算每天要通車上班，我也覺得很值得。

「待客如親」已深植在我的內心

Mason（麵包籽共同創辦人）

我是主修觀光旅遊，畢業後經常帶團出國，後來想要改變生活方式，當兵前大約二十二歲時，經朋友介紹去嚴總的烏龍麵店打工。最初聽嚴總談到他要幫助一萬個年輕人的理念，然後說要照顧夥伴，我心想：「哎呀，我也出社會一段時間了，老闆都是自私的，這怎麼可能？」就跑去應徵外場，想看看真相如何，沒想到做著做著，最後就被他感動了。

當時的外場原本都是女生，我是他們外場的第一個男生，第一天進去，公司馬上就安排做新人訓練，幫我們準備吃的，教我們怎樣做服務，然後嚴總說明公司的方針，實際帶夥伴工作，這麼慎重，讓我有點被嚇到。

後來我當兵退伍後，又被他拉回去上班，他那時候問我：「Mason，你來這邊會想要做什麼嗎？」那時候我可能比較狂妄一點，就說：「我要嚴總的位置，如果我當了總經理，幫你做現在這些事情，你就可以再去做更多更大的事情。」他笑著說，他看到我，很像看到他年輕時的自己。可能就是這樣吧，我感覺他對我滿有好感的，後來他問我要不要去學做麵包，那時候我對麵包完全不懂，衝著嚴總一句話，就這樣跳進去了。

做了之後，就整個陷進去，喜歡上做麵包，因為麵包很有靈魂，所以覺得很有趣，加上我之前講了一些狂妄的話，就在心裡設定目標。後來我大約一年半就當到店長，很努力在做經營，想盡辦法降低成本、拉高營業額，重視照顧客人的感受。有一天開月會的時候，嚴總突然宣布他要離開原本的那家集團，我跟我後來的太太 Joanna 兩個人都哭了，那時候對我們的衝擊很大。

後來我又做了一陣子也離職了，嚴總聽說後，第一時間就打給我說：「Mason，要不要來聊一聊。」那時候他自己創了善菓，正在做上善豆家，因為他很在意商德，不希望跟前東家有不好的競爭，所以他覺得在短期內不會做烏龍麵和麵包烘焙。但我已經愛上麵包了，當下聽到他的想法，我還滿失落的。只是如果我停止做麵包，我的手感和狀態等等全部都會倒退，所以就想先到外面再磨練一下，想說未來如果他需要我，我還是可以再回到他身邊協助他。

原本我想去一些大師傅的店學習，像是寶春師傅、野上師傅的店等等，但準備去面試的時候，要嘛就是剛好沒有職位，不然就是有一些不湊巧。因緣際會下，我跟太太就想，不然我們自己開一個工作室好了，邊做麵包也可邊磨練技術，就這樣創業開店了。

在開店前，我們做了很多功課，最後選了竹北，幾年下來，也累積了不錯的口碑。

回顧麵包籽開店的過程，除了家人的支持，從嚴總身上我們也學到很多重要的觀念，尤其是「待客如親」就很深植我的內心——就是你要好好的對待人，才會得到好的回應。這個觀念可以應用在非常多的事情上，像是把店開在合適的地方，讓顧客感覺舒服，可以買到他們想要的麵包，才能互利共生，這也可以說是「共好」。有了這樣的觀念，在做很多決策時，自然就會往那個方向去，比較不會做錯選擇。

以往嚴總常會給我們很多任務，讓我們自己去展現，長期訓練下來，我自己養成每天反省的習慣，會去思考可以怎麼做，怎樣可以讓事情更好。所以我很喜歡看數據、看客人的反應，然後磨練做麵包的技術，學著用嚴總的思維跟邏輯去思考。比起營業額、每天做好幾十萬這些，他更重視的是我們服務客人的細節，讓客人感覺愉快是他最在意的。這給我的印象很深刻，現在自己經營麵包店，也會想要去實踐這些觀念。

因為我真的很相信他，所以他講的事情，我都會想辦法去做，就算再荒謬或是當下不懂他想要幹嘛，還是會去完成。

譬如他曾經去日本看到「好吃鐘」，就是好吃的東西出爐了，敲個鐘告訴大家。他覺得這個概念很棒，就跟我說：麵包出爐的時候也來敲個鐘吧！那時我心想，一天做二十幾萬的麵包，都已經沒有時間休息了，出爐幹嘛還要特別脫手套去敲那個鐘？但是既然他講了，我就想辦法把鐘掛起來，然後用一條線還什麼的去搖。

後來我就問他為什麼要做敲鐘，他說音頻也是五感的體驗之一，讓客人意識到有什麼事情，然後看過來，就會注意到麵包出爐這件事。後來我也覺得滿有道理的，因為真的有用，所以現在麵包籽的麵包出爐時，我們還是會敲個鐘喔。

第二部

蔬食之味

傳遞綠色蔬食的內涵與美味

從待客如親的精神出發，我提醒同仁，

一定要認真傾聽顧客的聲音，了解客人真正想要什麼，

然後不計代價研發製作、挑戰困難，才能夠有所創新。

06

研製久吃不膩、經常想念的好味道

吃素並不代表放棄對美味的享受，
很多人吃我們的麵包或是來用餐，
一開始都沒有注意到是蔬食，單純覺得美味好吃，
吃著吃著，就這樣成為主顧了。

味道是一個餐飲品牌的靈魂，善菓的企業文化重視「利他之心，待客如親」。我常想，如果餐廳坐的都是我的家人，我會如何料理這一餐？我認為為客人準備蔬食餐點的心情，就像準備給家人一樣，就算食材成本高、做工繁複都沒有關係，只要能讓顧客享受到不一樣的蔬食美味，我就覺得很值得。

在研發蔬食產品時，有一些態度和精神，是我和別人很不一樣的。我特別重視從待客如親的精神出發，認真傾聽顧客的聲音，做出「久吃不膩、經常想念」的味道，讓蔬食美味可以讓更多人喜愛。

了解顧客的需求，打破對吃素的既定印象

我早年並沒有特別吃素，很能理解一般人由葷轉素的心情。很多人可能會覺得，一旦改成蔬食，似乎就要放棄對美食的享受。其實這是一個誤解，只要

在食材、烹調方式上用心研發，蔬食和享用美味其實是完全不衝突的。

以往大家對吃素常抱有刻板印象，認為吃素就是吃得很清淡。的確，一個長年吃素的人，在家可能吃得比較清淡，但如果他們到蔬食餐廳用餐，通常會想吃到和平常不一樣的味道，因此必須跳脫成見，從顧客的角度換位思考才行。

相對於葷食，蔬食受限於食材，可發揮的空間也許較為受限，也因此，以往較為傳統的素食，一不小心就容易流於有形無心，比方把食材的外型做成像一條魚、一隻雞，但在用料和烹調上卻沒有下功夫，結果吃起來經常會有一種所謂的「素味」，讓人對吃素產生既定印象。

此外，吃素者常有各種的考量和限制，最常見的就是所謂的全素、奶蛋素、五辛素等，以全素來說，必須是無蔥蒜、無奶蛋。在種種條件下，的確讓蔬食的調味增加難度。不過雖然困難，還是可以做出不一樣的滋味。

其實蔬食的研發烹調也跟葷食一樣，只要願意下成本、花時間，在食材、搭配和手藝上下功夫，就能做出讓人難忘的好味道。就像一碗簡單的煨麵，講究起來也是相當不簡單，像是用什麼食材，用什麼醬去熬湯底，然後搭什麼麵條和佐料來呈現，有千百種變化，而不是只有一種味道。同樣的道理，做蔬食也可以透過各種講究來呈現出不同的味道，而非一成不變。

所以我特別在意研發這一塊，從挑選食材、講究師傅的手藝，到反覆試吃、現場做修正，就是希望做出蔬食的好味道，讓顧客驚艷。

從老味道創造新價值，吃素不言素

這些年餐飲業比較重視創新，著重在創造新的味覺，最極端的例子像是前陣子很流行的分子料理。但我個人更著力在從傳統挖寶，致力於從老味道裡做提升，把熟悉的味道做到更好、更極致。

在「五覺六感」中，我認為嗅覺和味覺的影響最深，像是我小時候喜歡吃的菜，即使經過三、四十年，還是深深記得、相當懷念，它會跟著你一輩子。所以我很希望能讓葷食者，就算轉成素食者，還是可以找回喜歡的味覺記憶。我不希望我餐廳的菜色只是在外型上做成葷食的樣子，而是可以做出人們懷念的味道。

因此我不會去做什麼大菜，我們不擅長做宮廷菜、懷石料理等高價蔬食，我想做的是多數人都會常吃的蔬食家常菜。尤其對由葷轉素的人來說，即使不再吃肉，也不用放棄味覺上的享受。

在中菜的研製上，我們會希望突破傳統的「素味」，做出和葷菜不分軒輊的蔬食好味道。為此我也經過一番探索，比方我曾經找來一位從小吃素的主廚合作，由於他打從出生就沒吃過葷食，因此無論我如何跟他描述，他就是燒不出我說的味道。後來我打掉重練，找來在一般葷食餐廳工作過的主廚們，跟他們形容我想要做的味道，他們就比較能掌握到。

這些年來，我親自帶著師傅們一道一道把產品試出來，開發出上百道吃不膩的蔬食佳餚。我們有很多菜色是從老味道的家常菜裡研發出來，試著將對葷食的味覺記憶移轉到蔬食菜色裡。透過醬料和烹調手法的講究，讓味覺上更豐富，讓人得到和葷食不相上下的滿足感。

老味道通常蘊含著飽滿的味覺記憶，就像日本的百年老店多達十萬家，擁有兩百年歷史的也有三千七百多家，如果一代人五十年，經營了兩百年就表示他們有四代人都在做同樣的事情，這代表只要是好味道，就能經得起時間考驗，愈老愈有價值。

其實每一道菜第一次的誕生都是一種創新，只是人們忙著追逐新味覺，以致隨著時間流逝，不知不覺遺忘了過去的好滋味，這實在非常可惜。當老味道透過師傅的手藝和研發，讓它得以創新，就能喚起往昔的味覺記憶，讓珍貴的好味道得到嶄新的生命，這就是我們最高興的。

不管是麵包、中餐或西餐，我們都會希望做到讓客人吃下去不會注意到是葷還是素，這就是我常說的「吃素不言素」。事實上，有很多客人，不管是買我們的麵包，或是去餐廳用餐，一開始都沒有注意到我們是做蔬食，就只是單純覺得美味好吃，吃著吃著就成為主顧了。

烘焙靠發酵，蔬食靠醬料

為了提升中式蔬食美味的底蘊，在研發上，我發現「烘焙靠發酵，蔬食靠醬料」這項原則。影響麵包風味最主要的關鍵，發酵做得好不好是關鍵；在蔬食烹調方面上，我認為醬料是靈魂，可以藉由一些簡單的調味，帶出蔬食豐富的味道。

在開發中式菜色時，我們第一件事情就是先研發醬料，為了吻合台灣人的飲食習慣，找來經驗豐富的老師傅協助開發，最後做出四款我很自豪的醬料：

古味麻油薑拌醬、川味麻辣拌醬、滷香素香菇肉燥和醇香炸醬乾拌醬。

以古味麻油薑拌醬來說，是用台東優質的有機老薑搭配古法壓榨純胡麻油製成，這是一個很好的基底，使用來拌麵線或是做麻油娃娃菜都很美味。麻辣醬則是用大紅袍，加上七種中藥材所做成的，顧客若是要在家裡自行調理也很方便，可以煮火鍋、做沾醬，它的味道算是麻而不辣，其實吃素的人也可以有一點味蕾和腸胃的刺激，給腸胃帶來適度的微量刺激，除了增加風味上的變化，有時也可以訓練我們的消化系統。

滷香素香菇肉燥是用嚴選雲林香菇和非基改黃豆昆布醬油製成，醇香炸醬乾拌醬則是使用非基改豆瓣醬和香椿醬，這兩種醬料有點像是蔬食的肉燥一樣，日常也很容易搭配飯麵或拌青菜。這些明星醬料也造就我們後來跟全家便利商店合作的立基點，跟全家合作的系列產品中，統計下來賣得最好的，就是川味麻辣拌麵和麻婆豆腐烏龍麵。

研發過程不可或缺的「現場主義」

往往主事者一般只能抓住跟他年紀相仿的客層，為了貼近顧客的需求，我會讓不同年齡層的總監，三十、四十幾歲的，負責符合不同年齡層的品牌，而我這五十幾歲的董事長就負責禪風茶樓。消費年齡層比較低的西式蔬食餐廳蔬慕，因為我的年齡不是它的主要客群，店裡的餐點和裝潢等，就放手讓年輕人自己去做，在這樣的分層決策下，才有辦法抓得到顧客想要的味道。

稻盛和夫先生曾提出所謂的「現場主義」，提醒經營者不能一直待在辦公室，必須實際到現場接觸商品，了解顧客的真實意見，才能發現問題，及早做出修正。餐飲業更需如此，無論事前規畫有多完善，真的端上檯面接受客人考驗，很少有一個模式一做出來就能十全十美。必須待在現場傾聽客戶聲音，邊做邊修，改善再改善。

待在現場會發現的問題，經常是原本想不到的。比方我在開設第一家手打烏龍麵時，曾特別精心挑選了美麗的麵碗，沒想到因麵碗導熱速度太快，以致整個麵碗燙到讓員工即使戴上手套，都無法安穩地送餐。當時我人在現場，就馬上採買適合的透明繃帶，讓同仁把手指頭纏裹起來，才能安全地端麵。後來我們自己開模設計，打上自己的LOGO，重新製作了一批合宜的新碗，才解決了這個問題。

另外上善豆家剛開幕時，養生達人陳月卿小姐前來用餐，當下就提醒我注意豆腐的味道，我馬上到廚房做檢查，才發現同仁們在忙碌之餘，不小心將水滴到豆腐上導致酸壞，於是馬上將豆腐換新，重新調整製作流程與動線。一些沒注意的小問題，卻可能造成大災難，但若放任不管，就會影響口碑，必須立即解決，絕對不能拖延。

現場真的會有各種各樣的問題，所以味覺記憶很重要，不僅是麵包，每道菜應該都保有原始味道，不能輕易更動。在味覺的開發上，往往女生比較敏銳，所以我都會多聽女性客戶的聲音。事實上，女性吃素的比例也比男性更高一點，經常可以帶給我很多建議。

打開天線，聆聽顧客的聲音

從事餐飲經營，天線必須隨時打開才行。只要一有機會，我就會設法了解客戶的想法。最早在做烏龍麵的時候，我會混在顧客的座位之間，假裝也在吃麵，然後聽客戶的心聲、注意他們的表情。因為沒有人情壓力，客人的反應往往是最真實的。

此外，每天晚上九點半，各家店面的同仁就會傳報表給我，如果發現有什麼現場紀錄回報，而同仁還沒有下班，有時我就會跑去現場看一下，問他們報表上的問題是怎樣處理的，那位顧客的反應如何。因為趁著記憶猶新，有什麼問題可以早點做處理，這樣也可以讓同仁快速得到修正和學習。

我曾看過有些餐廳的老闆一到現場，員工就趕快躲起來，所以我會提醒自己去到現場時不要太嚴肅，如果員工表現得好，就鼓勵一下，如果員工犯錯了，也不要當場讓他們不舒服，事後提醒就好。但我還是會提醒主管們，到現場做觀察時可以留意這些要領：

一、不搶員工的活。剛開店時，我很喜歡在廚房幫忙煮麵，或是在透明視窗下幫忙擀麵，結果客人頻頻詢問同仁：「那是你們日本來的老師傅嗎？」因為我的年齡和他們差了一大截，出現在工作現場，顯得格格不入，徒然顯得尷尬又刻意。從此我悟到，去現場時最好不要搶員工的事做，不過，刻意在現場坐鎮指揮也很干擾，所以我後來都選擇像一個客人一樣，靜靜坐在店裡仔細觀察就好。

二、重視客人的反應。每次我去餐廳，即使我坐在店裡與他人交談，都會同時打開一隻耳朵傾聽客人談話的內容，要是聽到客人有所批評，比方要是客人覺得食物太鹹，我就馬上請同仁一起來試吃，確認一下是否需要調整。有時，我也會將聽到的意見與主管們討論，因為一位個客人的負評，背後可能代表著十八到二十個客人的不良經驗；若聽到的是佳評，則代表有三至五個人有同樣的讚美，所以任何一個批評都不能輕忽。

三、在廚房反覆試吃。我就是透過一直試吃，才會知道每一批端出去的商品是否達標。當年我之所以知道，煮熟不同碗數的烏龍麵需要的熟成時間是不同的，就是我在廚房裡試吃時所發現的。

而當餐廳營運上軌道，主管也都培養起來了，他們就像是我的分身，會代替我到現場做觀察與回饋，大家在不同階段忙不同的事，這樣我就能將心力放在更重要的蔬食研發和推廣活動上了。

07

向老師傅取經，以匠人精神製作蔬食美味

到底我們堅持的匠人精神是什麼？
我的體會是帶著一生只做好一件事的精神，
慢慢用心找出細微的差異與解決之道，
將產品以最好的狀態傳遞給顧客。

為了做出與眾不同的好味道，師傅追求完美的手藝和精神是決勝關鍵。因此，在創業初期，我花了很長一段時間，四處尋訪美味的食物和身懷絕技的老師傅及顧問。

每一位師傅我都會先去他店裡用餐，一旦被他們的手藝打動，就會鄭重表達合作的意願，並說明品牌的利他精神，希望能打動他們和我一起幫助年輕人從事餐飲業。

尋找能打動人心的蔬食美味

最早我為穗科烏龍麵延請到的楊師傅，有一段很奇妙的歷程。二〇一二年左右，我剛從顧問業轉做餐飲創業時，為了打造拳頭商品，第一件事情就是先從網路的口碑搜尋起。我記得那時大概找了四、五百家各式各樣成功的餐廳，一家一家去試吃，如果覺得名副其實，真的很有特色，就會約老闆談談看有沒有合作的可能性。

實際試吃之後，有些讓我們很失望，看網路寫得很好，去到現場才發現是一場誤會，根本沒有那麼好；還有一些是真的很好吃，可是老闆又不想理你。花了兩三個月都沒結果，一直在挫折中，找不到合作的可能。

直到有一天，家住台中的副總 Vivian 無意間吃到楊師傅的烏龍麵，她很興奮的告訴我：「我找到一家很棒的烏龍麵，你一定要來試試看。」我說：「好在哪裡？」她說：「你知道嗎？它是素的，而且很Q很好吃！」那時我有點疑惑，心想：「素的？真的會好吃嗎？」十幾年前，蔬食的風氣還沒有那麼普及，當時我尚未決定全部做蔬食，想像一下，那時有人告訴你有一個素的麵館很好吃，你可能不會有興趣。

但我還是說：「好吧，那我去試試看。」所以我是在不抱很大的期望下，開車到台中，而這個店又很特別，假日不開，平日晚餐不賣，所以你只能午餐的時候去。到了之後，我們就點了一碗冷麵、一碗熱麵，當第一口吃到它的冷麵之後，我眼睛整個瞪大，嚇了一跳，不由得在心中讚嘆：「怎麼口感這麼Q彈，這麼好吃！」

那個時候我就有一個感覺，原來一個可以感動人的食物，是當你吃了第一口之後，就開始在想下一次什麼時候要再來。雖然只是這麼簡單的味道，卻這麼好吃，所以當下我就立刻說：「我想要認識老闆。」老闆因為在忙，我們就等到下午大概兩點，客人大約都離開之後，老闆才出來跟我們見面。

皇天不負苦心人，終於感動楊師傅

老闆人很客氣、靦腆，我說：「老闆你好，我從台北來，我姓嚴，之前是在管理顧問業工作，不知道你們有沒有聽過亞都麗緻？我想幫年輕人發展餐飲事業，我吃了您的麵好感動，有沒有跟您合作的可能？」

楊師傅很客氣，笑了一笑說：「抱歉啦，我沒有再想要再跟別人合作。」

「為什麼？」我問。

「我們之前有一次合作的經驗，不是很愉快，所以我想盡量不要，這樣就可以了。」楊師傅簡單的回答我。

我以為自己口才不錯，繼續講下去：「楊師傅，您知道嗎？……」我講了很多，但楊師傅不為所動，只說：「不好意思，我們再想想。」

第二個禮拜我不放棄，又跑去台中找他。楊師傅見到我就說：「嚴先生，你又來吃麵啦。」

第三個禮拜我又去了。楊師傅還是跟我打打招呼，沒有進展。

我一去再去，一聊再聊，聊了將近四、五個月。直到後來，有一天我去台南出差，那天很特別，我住在一家飯店，外面下著大雨，準備退房時，我太太跟我女兒在對面的馬路逛街，我心中想著早點開車回台北，那間飯店的經理就說：「嚴先生，附近有很多特色小店，你要不要好好逛一逛再走？」難得跑去一趟，我心想也好，因為下著雨，我就想快步跑去跟太太和女兒會合，結果不小心在馬路中央滑了一跤，一摔骨頭就斷了。當時就像在連續劇當中看到的那種，我人在雨中昏倒，視線越來越模糊……。等我醒過來，已經被送到成大醫院準備動手術。

動手術那幾天，我就發了一個簡訊給我的投資人，我說：「深感抱歉，一事無成，自廢武功，我剛剛把腳摔斷了。」結果他就立刻回覆我說：「天將降大任於斯人也，不要氣餒，我認為你快成功了。」

我躺在病床上反覆回想，這幾個月下來，我找了那麼多店，想來想去還是想到那一碗烏龍麵。

所以當我一出院，就立刻包了一台車，拄著拐杖再次前往台中，希望能感動楊師傅。這一次楊師傅看到我就問：「你怎麼了？」

我說：「我腳摔斷了。我今天很誠意的來再找您談，如果您今天再不答應我，我以後就不來了。」接著我又說：「我是真心想幫年輕人創業，請您給我們一個機會，一起幫助這些年輕人好嗎？」

這一次，打動了楊師傅和他夫人，立刻回覆說：「好啦，我們答應你。」於是才終於有幸請到楊師傅來教年輕人製作手作烏龍麵。

匠人精神並非照表操課

在楊師傅的協助下，我帶著三位年輕人南下到台中跟著楊師傅學習做烏龍麵，沒想到就這麼一根擀麵棍，學問竟然這麼大。我們四個人原以為只要麵糰在前一晚發酵好，第二天把麵皮擀平了就行了，沒想到等真的開始幹活，才發現事情沒有這麼簡單。

我記得當時擀好麵皮後，師傅一看通通不行，原來我們的力道不均勻，麵皮也厚薄不一，這樣切出來的麵就粗細不均，煮出來的麵也會一邊熟，一邊不熟，或是一邊熟了，另一邊就太爛了。光擀麵這件事，我們就磨練了整整半年時間。

好不容易終於要開店了，卻也不簡單。穗科烏龍麵開幕前，楊師傅和他夫人特別從台中北上來試吃。吃完後他臉色很不好看，對我們說：「你怎麼把我們的麵做成這樣子？」我低著頭，跟他們道歉說：「很抱歉，請再給我一點時間。」

經過實地研究後，我們才發現，在台中所學的烏龍麵，到了台北，因為氣候、溫度和濕度的不同，做出來口感也不同。即使台灣的地域不算大，差異卻如此明顯，因此實際的操作模式到了台北就必須改變才行。我也從這件事當中領悟到，匠人精神並不是照表操課，必須永遠都帶著研究精神，慢慢找出細微的差異與解決方案。

後來我們又面臨了另一項難題，原來煮一碗麵十二分鐘，煮二十碗麵也是十二分鐘，但若是煮四十碗麵就不一樣了！原來如果煮麵水裡夾雜了生麵粉，煮愈久愈混濁時，即使同樣十二分鐘也煮不熟一碗麵。所以在台中一天煮二、三十碗麵與在台北一天煮二、三百碗麵，是不可同日而語的，必須仰賴我們從實做中摸索、解決。

一生懸命，追求精進不懈怠

後來因為楊師傅的緣故，我又認識了東京的糠信和廣師傅，並連續五年，帶著同仁到東京學習，也請糠信師傅連續好幾年，每季都來台指導，而我們就趕在他來的時候舉辦擀麵大賽。當糠信師傅蒞臨時，年輕人都很興奮地列隊兩排熱烈地歡迎他，為了爭取日本師傅的認同，大家的擀麵技術都進步了。

日本老師傅對產品的恭敬心，讓我非常感動。他們告訴我，酵母是活的，麵糰也是活的，所以他們每天工作的時候都會跟麵糰說話。開工前，糠信師傅會對著麵糰說：「今天一起加油喔！」這個舉動充滿了儀式感。

這樣的匠人精神，在其他品牌師傅烹調中式手工菜或現場烘焙麵包時，也同樣可以看見。在阿茂及阿星師傅的主掌下，禪風茶樓和竹北善菓堂的菜色，都飽含師傅不厭其煩的真功夫。講究火候的菜餚，秉持匠人精神，堅持一切現點現做，絕不會怕麻煩。

以禪風茶樓的「月見芙蓉」這道菜來說，光是切青、紅、黃椒，有時候就得切上一小時，而這樣的刀工是無法用機器取代的，不然水分流失就不好吃了。再加上嚴選綠色無毒、無藥劑的放牧蛋，口感就會不一樣。

還有一道「三杯魷花」是杏鮑菇做的，那道菜要先蒸透，再冰鎮，然後切片，再劃花。在其他餐廳，這道菜可能是買現成的素料權充魷花，而加工的蒟蒻就經常是製作魷花的材料。因為我們不願意使用現成的素料，因此改用了需要繁複工序的杏鮑菇。

禪風茶樓的經理王思佳曾經向我反映，每次讓客人點「梅干獅子頭」這道菜，她都會擔心上菜太慢，因為這道菜沒有半小時出不來，阿星師傅堅持非要把白菜蒸透了、獅子頭也炸過能吸汁了，才會放進砂鍋去燒；雪菜豆腐煲也是，豆腐燒沒有燒到入味，阿星師傅是不會放行的。

而竹北善菓堂的「雪菜鮮綠筍」，是阿茂師傅以筍子的清甜搭配雪菜的口感研製而成，吃起來爽口但又有層次，在二〇二三年「綠・蔬食評鑑指南」頒發的最高三顆星榮譽評選時，讓評審的記憶點很深。

挑戰困難，讓客人吃到最新鮮的產品

很多人問我，到底我們堅持的匠人精神是什麼？我的體會是一生只做好一件事，將產品以最好的狀態傳遞給顧客。

我們有很多菜色是從老味道的家常菜裡研發出來，再將產品以最好的狀態傳遞給顧客。

至今我們仍堅持麵包要現製現烤，讓客人路過就能聞到麵包的香味。如果全數從中央工廠做好配送過來，客人晚上買到的麵包可能是早上做的，麵包可能已經躺在架上吹一天冷氣，絕對跟二十分鐘前剛烤出來的口感完全不一樣。

這應該也是我們的麵包不算便宜、但顧客支持度一直很好的原因之一。這是一種「挑戰困難」的態度，跟手打烏龍麵一樣的道理，技術門檻很高，非常不好複製。

在當今這個時代，到處缺工，大家都想挑容易的來做，但是我認為應該反其道而行，反而應該在這個時候，創造市場差異的競爭力，挑困難的事做，讓同仁學得關鍵技術的能力，才能一展長才。

目前我們在京站的旗艦店，就充分利用五感元素，讓顧客除了能聞到現場烘焙的香味，從透明的玻璃窗，也能看見師傅在現場製作各式麵包與甜點，讓客人近身感受匠人的用心，安心吃到最新鮮的好滋味。

08

待客如親，
選用好食材

我們的品牌因為餐點不同，有些食材會各自採購，
但都會盡可能使用比較好的食材。
不過有機的蔬食並不能保證比較好吃，
為了健康，有時候的確必須犧牲一點美味。

「待客如親」是我們的核心價值，為客人準備蔬食餐點的心情，就像準備給家人一樣，因此就算食材成本高、取得不容易都無妨，只要能讓顧客吃出不一樣的感受，讓身體更健康，我就覺得很值得。

食材不設限，試菜不間斷

對於食材的採購，是我最為在意的一塊。一般商家談到開餐廳，通常會先找到固定的原物料供應商，無論需要幾斤米，需要幾斤糖、鹽、醬油什麼的，一通電話打過去，對方馬上送過來，然後就可以不用操心了。

普通商人多半抱著將本求利的心態，便宜就好，可是對方送來的米是什麼米，糖是什麼糖，菜又是什麼菜？如果食材本身不好，就很難保證食物的品質。

我認識許多頂尖的廚師或老師傅，還是維持老習慣，每天一早就跑去批發市場，尋找他要的食材，因為他知道，只有這個食材，才做得出他的好味道。所以在前期研發餐點時，我就跟師傅說，開發新菜不要有被預算綁住的限制，反而要去思考有什麼食材是大家沒用過、很值得嘗試開發的。

每個環節都得要講究才行。將所有材料都組合起來反覆嘗試，找出最好最順口的味道，這需要一些實驗精神。這也是為什麼我的工作就是一直在試吃，而且必須花很長的時間來試的原因。

近幾年盛行的植物肉，我們使用的品牌就不下三、四種。有些品牌的植物肉適合這道菜，另一個品牌適合那道菜，像是獅子頭所使用的植物肉，就跟其他菜色用的植物肉不一樣。這個絕對不能將就。所以在研發的時候，我一再教育他們不能圖方便，這個對我來講，是一個很重要的關鍵點。

重視生產溯源，減少對人與土地的傷害

我們從來不會標榜我們是有機餐廳，但在可能的範圍內，我都會盡量使用有機的食材。比方我們的拳頭商品「紅豆麵包」，外觀看起來平淡無奇，但它裡面所使用的紅豆，卻是相當不簡單。

這款熱賣的紅豆麵包，是用有機的紅豆自家熬製而成。最初在採購紅豆時，我們發現市面上的紅豆很容易有重金屬和農藥超標的問題，於是特別去找有機紅豆，但台灣的有機紅豆比例很低，大約不到三%。

當年我去合作社尋找有機紅豆時，跑到現場才知道，原來紅豆田雜草叢生，紅豆的豆莢會跟野草混在一起，採收非常麻煩。一般非有機的紅豆田都是使用除草劑，等雜草乾枯後，再以機器大量採收豆莢，再進行去殼。而我所看到的有機紅豆田，雇用了十幾二十名工讀生一字排開，每個人拿著籃子彎著腰在紅豆田裡慢慢蹲採豆莢，然後剝開豆莢取出紅豆。這也是為何有機紅豆比市

面上的一般紅豆貴大約兩倍半到三倍，甚至更高。

我們就是採購了這些來自霧峰的有機紅豆，由師傅親自以手工熬成泥，再用這樣的紅豆泥搭配三溫糖與海藻糖，呈現出單純樸實的美好滋味。

其實，農藥毒害土地和動物的故事屢見不鮮。像是屏東科技大學和全聯合作的「老鷹紅豆」，就是源於長期追蹤老鷹生態的屏東科技大學野生動物保育團隊，他們最早是在二〇一二年十月發現俗稱老鷹的黑鳶死亡，而且體內含有劇毒農藥「加保扶」。原來這是因為農民為了避免農損，施用農業造成小型鳥類死亡，而小鳥的屍體又被老鷹啄食，讓老鷹也中毒而亡。

為了改變這種現象，各方合作推出以復育生態及照顧小農為主旨的「老鷹紅豆」，全聯也推出老鷹紅豆銅鑼燒、老鷹紅豆麵包、紅豆湯等，獲得消費者回響，締造銷售佳績。

創立福智基金會和里仁公司的日常老和尚就分享過一則往事。他說某次他的信徒想捐出一塊位於新竹半山腰的地，讓他可以蓋寺院。他很高興，跑去現場時才發現那裡種了很多果樹，信徒說，雖然果實不多，但是如果有收成，有時就會拿去賣。然後日常和尚又發現，地上有一條死掉的大蛇，就問怎麼回事？信徒說，因為老鼠會跑來吃，所以就撒了農藥，結果老鼠吃了水果死了，蛇又去吃老鼠，也毒死了。

老和尚當場痛哭流淚，就說：「這樣好了，我不蓋寺院，不如把它改成一個不撒農藥的有機農場吧。」但信徒說：「師父，如果不撒農藥，長出來的果子會很醜，賣不掉，而且收成也會變少。」師父就說：「沒關係，我去找人來幫你。」

因此日常老和尚又找了其他信徒來幫忙，想要創立一個有機品牌，經過一番研究調查，信徒回報之前有人做有機產品已經虧了三千萬，眼前快要撐不下去了……。日常師父就說：「很多事情不是好不好做，而是該不該做，這件事如果是對的，我們就要這樣做。」

於是他就用兩百萬開了一個很小的有機蔬果店，經過多年的經營，才成就今天一百三十四家分店的里仁，目前更是台灣有機超市的標竿。

做對的事，助力自然就會來

在疫情爆發前，善菓在二〇一七年新創的「上善豆家」原本是有銷售早餐的，而且除了早餐可以喝現煮豆漿，中午也能享用豆腐料理。市售豆漿的濃度約三～四度，上善豆家卻高達八～九度，只要豆漿一涼就自動結成豆皮，極富蛋白質。

我記得當時我去日本考察，才發現日本豆腐竟有十八種之多，絕對不只是軟的或硬的，木棉豆腐或板豆腐而已，他們分類非常細，包括什麼豆腐適合生吃，什麼適合涼拌，什麼適合調理，都有不同的專用豆腐。

由於我認為豆腐應該是上善豆家的主角，所以一開始就確定要自己做豆腐。為了讓客人吃到健康、純淨的豆腐料理，我決定由原物料開始學習，經過各種比較之後，最後選用加拿大有機黃豆製作豆漿、豆皮、豆花，並使用天然鹽滷來製作豆腐。

初學過程困難重重，屢屢失敗，幸好透過台灣盛和塾塾生介紹，引薦認識日本兵庫縣「但馬屋豆腐」的中島社長，他的父親也曾是大阪塾的老塾生，我專程到日本拜訪求教，他竟無條件親自帶幹部來台灣兩次傾囊相助，我們才得以克服經驗不足的問題，生產出理想的豆製成品。

單是選黃豆這件事，我們就煞費苦心。因為台灣的黃豆產量不足，必須仰賴進口，我們從美國、加拿大到俄羅斯都試了一輪，最後才選定加拿大的非基改黃豆。我們曾為此請教日本專家，剔除次級品之後，最終決定採用單一品種，這樣也便於計算水量的搭配與最後濃度，才能維持品質上的一致。

製作豆漿、豆花、豆腐，所需添加水分的比例都不同，而我們必須一邊攪拌一邊熬煮，才能避免煮焦。但真正麻煩的是煮漿時，我們必須在即將煮滾時

但馬屋豆腐的中島社長，兩度親自帶幹部來台灣傾囊相助，指導我們製作出理想的豆製品。

趕快撈掉泡沫，然後關火，再煮滾，再撈掉泡沫，再關火，再煮滾……，就這樣反覆四至五次直到沒有氣泡為止。撈泡沫的目的是為了去除泡沫裡的皂素，以免容易脹氣。也因此，我們每天光是熬煮豆漿就耗費三個小時，為了趕中午十一點營業，我的同仁必須每天七點鐘就開始煮豆漿。在以前提供早餐時，甚至五點就得上班，而這還不包含前一天的泡豆與挑豆時間。

但在製作豆腐時，最難的還不是熬煮豆漿，而是使用天然鹽滷。一般的做法是使用石膏水或化工鹽滷點漿，如此的製程比較穩定、快速又便宜。天然鹽滷最大的問題，就是每一次點漿出來的結果都是不穩定的，連口感的軟硬度都不同。鹽滷是海水萃取的，以前被稱作苦滷，味道很苦，必須稀釋。另外在製作豆花的過程中，我們發現每次點漿的分量還不能太大，化工鹽滷與石膏水只要點少許到大桶的豆漿裡，就會自然成形，但天然鹽滷的豆花必須一小桶一小桶蒸。若是製作豆腐，這些靜置成型的豆花還要裹上紗布，以木框塑型，再以重物擠壓水分，才能製成豆腐，非常的麻煩。

在這個過程裡，我們連天然鹽滷都換了好幾家，壓模模具的大小與重壓的時間都是慢慢摸索出來的。光這個過程就失敗了上百次，研究了半年多時間，才找到最好的方法。

其中點漿的過程，困住我們很久。當時的狀況是，鹽滷用多了豆花會苦，用少了又不成形，我們也試著把鹽滷稀釋了再點漿，都無法解決問題。後來是中島社長指出了關鍵，原來是攪拌的方法不對。不能左右攪拌，而要上下攪拌，連攪拌的工具都要換，才能讓整桶豆漿的鹽滷都均勻了。

雖然我們知道靠自己摸索，最終也會找到答案，但有了中島社長的指導，確實縮短了這段繞遠路的過程。中島社長的父親是日本盛和塾的塾生，他們知道我在研究做豆腐，就主動熱心來指導，所以我一直相信，只要做對的事，助力就會來。

在蔬食中，豆腐是蛋白質的重要來源，因此上善豆家主要的菜色，目前還是以豆腐與豆製品為主。雖然受疫情和缺工的影響，目前我們不得不暫時先放棄由同仁自製，但還是按照之前的配方，找到一個很有名的工廠，使用嚴選的有機黃豆來幫我們製作，所以在口感上，還是可以吃出與坊間不一樣的好滋味。

食材是健康的基本，採購行健村有機糙米

我們旗下的各品牌因為餐點不同，有些原物料會各自採購，同仁都會盡可能使用比較好的食材。

蔬慕的義大利麵是採用百分之百杜蘭小麥和純淨山泉水以傳統工法製成的得科義大利麵；植物肉分別選用由比爾蓋茲參與投資的未來肉 Beyond Meat，和無添加抗生素與激素的非基因改造新豬肉 OmniPork；生菜使用標榜「微洗即食」源鮮活舒菜，它是零農藥、零重金屬、零寄生蟲卵、低硝酸鹽、低生菌

數，讓喜愛生菜沙拉的顧客可以安心享用。當然，漢堡所使用的麵包，都是善菓屋每天手工新鮮出爐配送。食材好壞騙不了人，在食材每個環節的嚴格挑選與不惜成本，無非就是希望當我們的蔬食料理端上桌那一刻，能博得顧客由衷的讚嘆，以及入口後的難忘與感動。

自二〇二〇年疫情肆虐，為了支持小農，我請同仁盤點各店家使用的食材，結果發現有許多小農一直是我們的供應商。在米飯方面，像是上善豆家使用宜蘭三星鄉行健村的有機米，禪風茶樓使用的花蓮玉里的香米，都是長期跟國內的優質小農合作。

跟行健村的合作源起於多年前在籌備上善豆家時，我們希望在能力許可的範圍內，盡量採用一些有機農產品做為主食材。因為米飯是主食，所以當時我就很努力尋找，才發現台灣當時的有機米不是很多。後來有朋友向我推薦宜蘭三星的「行健有機村」，它幕後的推手叫張美，曾經擔任村長二十年，大家都叫她張美阿嬤。

我去拜訪她，她就跟我講了有機米的故事，她說其實宜蘭的水源很充沛，可是因為種有機的人並不多，有一次她無意中吃到一個有機米，讓她很感動，比他們自家的米好吃，就念念不忘，於是她回到宜蘭後，就開始說服村民，希望是不是有人也可以種這個有機米？但農民都不願意，因為種有機米除了要克服先天的挑戰，賣出去的價格又不見得那麼高，或是不見得能夠賣得出去，所以大家都說：太困難了，不可能。

但張美阿嬤還是不放棄，不斷地說服農民，農民拗不過她就說：「好，只要你能保證收購，我就種。」張美阿嬤為了賭一口氣，就說：「好，我給你保證收購，我來成立一個合作社。」於是就成立了「行健有機農產生產合作社」，從一、兩公頃開始試種。種了之後，張美阿嬤就到處想辦法，努力行銷行健村的有機米，而且還要賣出好價格。

我接觸她的時候，她才剛開始做這個事沒多久，我聽到她講述這段緣由，又看到她的態度，就很感動的說：「我願意採用你們的有機米，而且也會想辦法在店裡面幫你銷售。」

於是，她的有機米成為善菓第一個品牌上善豆家採購的好食材之一，第一家台北店從二〇一七年開始就在用，現在上善豆家包括台北和宜蘭兩家店都還在繼續用她的有機米，如今行健村的有機米田已經好像有一百多公頃了。

我們曾經特別邀請張美阿嬤來台北的上善豆家吃飯，她很感動，我說：「除非我們結束營業，不然我們永遠都會採用行健村的有機米。」

在健康裡找美味，在美味裡找健康

能讓顧客吃下健康的食物，一直是我最重視的一件事。但有機的蔬食並不能保證比較好吃，講到健康的時候，有時候的確必須犧牲一點美味。

在研發的過程裡，我常遇過健康與美味相衝突的案例，當時開發上善豆家的早餐時，發現製作油條的困難處不僅在於油炸而已，也因為裡面加了含鋁及鹼的物質，很難替換。我曾試著使用各種方法，例如以酵母菌來發酵，結果就是不好吃。因為大家對油條的味覺記憶太深刻了，很難取代這個印象，最後我只好在天人交戰下放棄生產油條了。

長年下來，對於中式和西式菜色，由於對食材的不設限，經過師傅的試用試吃，我們也累積出許多優質的好食材。對於美味與健康的感覺，每個人都不一樣，或許善菓提供的餐飲不能說是「最健康」或「最美味」，但我和同仁確實用心「在健康裡找美味，在美味裡找健康」，努力在這兩者之間，尋找一個兼容並蓄的平衡點。

上善豆家長年採用行健村的有機糙米來搭配純淨美味的豆腐料理。

09

打造讓人念念不忘的拳頭商品

藉由打造「久吃不膩，經常想念」的拳頭商品，
帶給顧客嶄新的味覺與驚喜，
長期下來，相信就能逐漸打破大家對蔬食的既定印象，
這是我們從事蔬食餐飲最為在意的。

為了讓一般客人對蔬食美味更有記憶點，我很重視同仁要研發出自己的「拳頭商品」。事實上，有很多客人告訴我，他們未必是蔬食者，有時為了這些拳頭商品上門時，經常忘了自己在吃素，然後不知不覺就多了一餐蔬食。

為了研發出新的拳頭商品，我會花非常多時間陪著主廚和師傅研究產品和菜色，一件一件試吃，一直改進到達標為止。當別人問供應商，有沒有更便宜的食材時，我會先了解大家都用什麼，然後再問還有沒有更好的？

用料不計成本的海鹽奶油捲

以麵包烘焙來說，我們最有名的拳頭商品是海鹽奶油捲，對我來講，研究這個拳頭商品的要領就是：「先拆解，再重組」。原本海鹽奶油捲是從日本那邊先紅起來的，我也在日本吃過，雖然覺得它東西不錯，但是我會想：如果我

善菓屋的麵包都是使用自家培養的酵母，再搭配精選的好食材。

們做，能不能超越它？有沒有可能成為一個亮點。而要成為亮點的前提，就必須要有一些「麻煩」之處，甚至愈麻煩才愈有可能成為亮點。

所以當我們在研發時就先拆解它，海鹽奶油捲的成分是麵粉、鹽、奶油和酵母，第一步先是了解這些成分用哪些品牌，在日本的製程是如何，接著嘗試用比原本更好的材料來做。後來決定使用法國奶油，實驗了很多牌子，像是鐵塔牌、總統牌、伊士尼等，我們一直試一直試，試到最後，使用了昂貴的手工艾許奶油，一出爐我們就覺得中了。至今已經十年，仍是我們熱銷第一名，某些程度你要有點顛覆，要不計代價支持師跗發，才有辦法做出來。

就是要夠麻煩，產品才不容易被模仿

要超越別人，產品的製作就要有一些門檻，過程愈麻煩愈困難反而更好。

這也就是為什麼我喜歡穗科的烏龍麵，就是因為它做起來很麻煩，一旦你做到了，別人沒辦法輕易超越或模仿。

就像我們的麵包都是自己培養酵母，再用很好的材料研發而成，我們有一款針對全素者設計的莓菓六合奏，那是一款無奶油、無蛋、無糖的全素歐式麵包，只用六種果乾帶出豐富的口感，看起來很簡單，但卻是經過無數次的調配與試吃才做出來的，並不是一般坊間可以隨便模仿。我們的股東大金空調蘇一仲董事長，他常吃的早餐就是這款麵包，因為口感耐吃又有料，即使天天吃也不厭倦。

閉著眼睛點，道道都好吃

在中菜的部分，禪風茶樓和善菓堂的中菜，為了考量整體適用性，我們花費了很多時間與精神去研發它的基底醬料，有好幾道菜都可以算是拳頭商品，像是老茶豆腐、芋頭米粉、梅干獅子頭、月見芙蓉，或是善菓堂的茴香秀珍菇、雪菜鮮綠筍等，每一道的用料和烹調過程，都經過師傅的巧手與用心，才能做出出繽紛多彩的好滋味。

我曾經在大陸看到一個品牌，老闆請了好多名廚，弄了兩百道菜，後來虧得一塌糊塗，老闆決定改用減法，減到剩二十道菜，然後保證每一道絕對都好吃，然後就成功了，那時他就說：「現在我保證，閉著眼睛點，道道都好吃。」我們禪風茶樓當時在研發菜色時，就是秉持這樣的精神。師傅拚命研究菜色，我就不停的試菜，然後跟師傅說，不行，再來，不行，再來，好了，這一道OK了，換下一道……菜色就是這樣研發出來的。

「老茶豆腐」，是使用普洱茶葉搭配軟嫩的雞蛋豆腐，再加上師傅研製的素醬汁煨煮，燒出江浙菜獨特的風味，另一道「梅乾苦瓜」，使用的則是以古法製造的日曬梅干菜，它的梅干菜不是化學速成醃製，而是自然風乾的，必須

老茶豆腐使用獨家研製的醬汁，煨煮出江浙菜的風味。

清洗非常多次才能下鍋，而且我們是整條入鍋，只留一道刀口，但沒有切開、也沒有去籽，以維持苦瓜原有的天然甘苦味，也能保留苦瓜籽的營養，這種吃法很傳統，特別能重現老味道的美味記憶。

有時候某些菜的材料很單純，像是上善豆家「滷白菜腐竹丸」雖然看似簡單，就是用我們特製的豆腐丸子配上白菜、番茄、木耳、胡蘿蔔絲，再加上我們研選的上好醬油，就可以燉出精緻的美味。一旦某些環節抽換掉，就會失去精準度，我們曾經因為台灣包心菜缺貨而換成山東大白菜，煮出來的味道就不對了。

事實上，曾有客人曾跟我們反映，說是發現某些店家出現幾道跟我們類似的菜色，但吃起來的口感和風味就是不一樣，我想這是因為我們廚師的每道菜都是經過千錘百煉，我才會過關放行，追求當中些微的「不一樣」，就是來自我們研發不懈的精神。

由於我們一直在研發新品，我的試菜任務也因此永遠不會停歇。不過，即使拳頭商品是我們努力研發的結果，但最後決定它能否成為拳頭商品的，還是來自客人的肯定。我們也曾看好某項研發出來的美味，但後來成績平平；或是某樣產品原本不被看好，但推出之後卻意外爆紅。像是上善豆家的「松露野菇冰花煎餃」就是靠客人口碑而大受歡迎，除了它整顆煎餃都是用以全素製成，外皮特別加了紅藜麥，內餡則加入野菇和松露，一口咬下，獨特的松露香氣與藜麥口感，讓人很有記憶點。

不斷研發新菜色，帶給顧客嶄新的味覺，長期下來，相信就會逐漸打破大家對蔬食的既定印象，這是我們從事蔬食餐飲最為在意的。因此，我和團隊同仁依然會不斷研發下一個拳頭商品，將蔬食的美好滋味和品牌核心價值傳遞給更多人。

滷白菜腐竹丸子的食材雖然單純，透過烹調和用料上的講究，得以呈現精緻的風味與口感。

松露野菇冰花煎餃獨特的松露香氣與蕎麥口感，讓人很有記憶點。

第三部 ● 環保之願

一日一素救地球

全球暖化的最大元兇之一，

其實是來自畜牧養殖業的碳排放量，

多吃蔬食，不但可以減少其他生物的苦難，

也能為地球的環保貢獻一份心力。

10

對地球友善，以蔬食減少碳排

除了改善氣候暖化、減少天災，
很多人吃素的原因，更是出於愛護動物的同理心，
行為的改變經常來自一念之轉，
一旦你真的啟動了，自然就會積極去行動。

隨著氣候暖化日趨嚴重，對人類和生態的威脅也日益增高。二〇〇六年時，我看過一部美國前副總統高爾談氣候危機的紀錄片《不願面對的真相》，才知道地球暖化會導致冰川融化、海水溫度升高，造成生態浩劫，也會帶來強風暴雨、洪水、乾旱、野火、颱風等異常的天災。

高爾也呼籲大眾，雖然全球暖化的議題聽起來很大，但每個人只要從觀念和日常習慣做改變，就可以讓自己從加重暖化的幫兇，變成減緩地球暖化的有力助手。

這也讓我意識到，許多在日常生活看似不起眼的小事情，像是節水、節電、資源回收、減少一次性消耗品、支持綠色商品等，都可以對改善地球暖化有所幫助。

坐而言還不夠，搶救地球必須有所為

以高爾本人來說，為了實踐「搶救地球、人人有責」的理念，二〇一四年他宣布成為素食者。因為他發現，為了食用肉品，人類必須大規模經營專供食用肉的牧場，這不但會耗費相當多用水，排放出的大量二氧化碳，也會加速地球暖化，造成環境破壞。為了實踐環保的信念，讓高爾決定改變吃肉的習慣，轉而成為一位堅定的蔬食者。

當我用同樣的心情來看待吃素這件事時，就會赫然發現，光是以為自己沒有主動去傷害動物，這可能是不夠的，如果希望能夠真的改變地球的命運，對減緩地球暖化有所幫助，我們應該更積極、更有意識的去改變自己過去的習慣，並且產生實際的行為，因為只有行動，才能真正發揮影響力。

友善動物，一念之轉促成改變

也有很多人吃素的原因，是出於愛護動物。就像好萊塢知名的影星布萊德・彼特、娜塔莉・波曼和李奧納多・狄卡皮歐一樣，他們都是主張 Vegan 的純素者，為了不忍看到動物受苦，他們不但拒絕吃肉，也不使用動物製品。

我曾經有一個外國的好朋友，我問他：「你為什麼會吃素？」他說：「小時候我家有個農場，養一些牛羊，有一些動物是從小陪伴我長大的，我也會給牠們取名字。大約九歲的時候，有一天我從學校回到家，卻四處都看不到平常飼養的小羊，就問媽媽：『小羊跑哪兒去了？』結果來到餐桌前，卻聽到媽媽指指餐桌：『來吃飯囉，牠就在哪裡。』」

他當場流淚崩潰，雖然也許這其實是媽媽給他的一個震撼教育，就是要告訴他，他們家是畜牧農場，養大那些動物的目的，最後就是為了殺來吃。但對我這位朋友來說，遭受這個重大衝擊，讓他決定從此不要再吃肉，因為他覺得如果小羊是自己的朋友，其他動物也是。

當我聽到這些事情之後，再去深思，自然就會慢慢把天線打開，開始聽到自己內在的聲音和一些提醒。有時候也許你認同某些理念，但卻無法改變行為。但是從我個人的體會來說，改變行為經常就是一念之轉，一旦你真的啟動了，必然會更積極去行動。

以蔬食減少碳排，隨手就能做

近年有愈來愈多人注意到，吃素的確可以有效減少畜牧業造成的碳排、農糧問題等，也因此，蔬食風潮逐漸成為為全球性的主流價值，並且有愈來愈多人跳出來響應。

一般大眾可能會認為低碳排放、永續發展只是企業的任務，但實際上這是每個人隨手就可以做的，只要大家開始調整自己的飲食習慣，每個人少一餐肉食、多一份蔬食，不但多一份健康，還能隨手減少碳排。

Green Monday 是二〇一二年成立於香港的綠色生活平台，提倡每週一素，透過蔬食推廣達成低碳生活，致力延緩地球暖化，解決糧食危機、公共健康及動物福利等問題。創辦人 David Yeung 曾回憶自己之所以會創辦 Green Monday，主要是看到二〇〇六年聯合國發表的環境報告，裡面中明確提到，全球暖化的最大元兇是畜牧養殖業的碳排放量，這也成為他推廣蔬食的動機。

過去二十多年來，全世界的口蹄疫、狂牛症、禽流感一波接一波，海洋有塑膠微浮粒子汙染氾濫問題，還有各種動物的傳染病，這些可說都是大地的反撲，要向人類的過度攝食與掠奪提出警告。

我在二〇一七年創立善菓時，就很堅定我們要做的，就是將蔬食餐飲推廣出去，讓人們多一個減少肉食的選項。身為蔬食餐飲的經營者，能夠直接對氣球暖化、減少碳排等問題做出貢獻，而我們所推廣的蔬食文化，無形之間就可以間接改善地球的環境。

由葷轉素的宜蘭上善豆家

除了將蔬食的理念與美好傳遞給顧客，在規畫善菓旗下的餐廳時，只要有機會，我也會盡量衡量餐廳本身的條件，在環境中多做一些環保上的設計。以位於宜蘭文學館旁邊的上善豆家來說，就是一個保持老宅原味、不過度裝修的例子。

原址原本是一家經營了很久的日本料理，何老闆家族是宜蘭在地人，從日據時代起，就是經營日本料理的名店。他本人也曾到日本研修料理手藝，然而十年前，因為修佛虔誠，一心想要將餐廳轉為蔬食。經過親友介紹，我跟他們夫妻深談後，感受到他們心真念純，便決定合作，安排他們到台北的禪風茶樓

宜蘭的上善豆家位於宜蘭文學館旁，是一棟帶有日式風格的古蹟餐廳。

見習三個月，後來就將原址轉型為上善豆家的分店。

宜蘭的上善豆家本身就是一棟帶有日式風格的歷史建築，整棟房子都屬於木質結構，它的設計風格，就是單純表現原有的老宅之美。對於老建築來說，保有原有的樣貌，裝飾而不裝修，就是最好的處理。

善菓堂獲綠裝修設計大賞銅獎

善菓旗下另一個很值得一提的案例，則是位於竹北的善菓堂。它最大的特色就是：它是全台第一所獲得綠裝修認證餐廳。善菓堂不但符合綠裝修認證，選用高比例綠建材、完全符合綠建材標章和空氣品質檢測，也以自然採光與通風、節能、低碳等設計手法帶入綠建築的元素，因而獲得二〇二〇年第二屆綠裝修設計大賞商業空間類銅獎。

當初會來這裡開餐廳，緣起於這裡有一個很棒的學校「道禾三代塾」。道禾三代塾以打破學校教育框界為主旨，致力發展從零到一百歲的全人教育，他們從小會教小朋友做木工、陶藝、染布、精工、造紙等等，連畢業紀念冊都是用自己製作的紙張完成，讓小朋友懂得珍惜。長期以來，他們的營養午餐都是提供蔬食，許多家長從事科技業，都能夠接受這樣的觀點。由於創辦人在竹北這個新學校周圍保留一個漂亮的空間，希望能與合適的蔬食業者合作，我非常珍惜這樣的合作機會，雙方一拍即合。

對顧客友善，也對同仁友善

由於這裡的占地比較大，我們從零開始設計，就是希望讓顧客可以在無毒環保的綠建築空間裡，安心享用健康、安全的蔬食料理。在設計之初，我們和隔壁的里仁就導入綠裝修認證，從通風換氣、計算建材的逸散率到店裡的設備，都特別設計過，除了天然黃楊實木桌椅，還採用了天然桂竹、黃藤、魯班木蠟油、磨石子和通過綠建材標章認證的超耐磨木地板等天然的無毒建材做為建築材質，大大改善室內空氣品質。

由於在空間上營造成私塾風格，以茶屋包廂、樸素茶桌、禪椅家具和無障礙空間設計友善餐飲環境，讓整個店看起來就像一個很有禪味的人文空間。一般外面的桌椅，木頭通常會上保護漆，但上了保護漆就比較不環保，我跟設計師來回溝通後，決定在天然黃楊實木的桌面墊上一層玻璃，木椅則鋪上塌塌米，其餘就保持木頭質樸的本色。

二〇二〇年六月開幕時，台灣綠裝修發展協會創會理事長饒允武特別頒發GD綠裝修認證證書給善菓堂，並表示：「德不孤，必有鄰」，希望能讓更多人重視公共空間的健康與環保。店長戴翊哲也說，雖然他每天都從台北通勤去竹北上班，卻覺得在那個空間工作很值得，因為它的空間挑高開闊，讓人心情很好。

在善菓堂這個環保的綠色空間裡，可以讓全天待在餐廳裡的同仁們，在一個安全又安心的友善環境中工作，對他們的身心都好。

而看到前來用餐的顧客，不管是大人、小孩或全家老小聚餐，都能在一個舒適、安全的零甲醛環境中，毫無負擔的享用廚師精心準備的蔬食料理，就是我感到最滿足的時刻。

竹北的善菓堂是全台第一所獲得綠裝修認證的餐廳，曾獲得二〇二〇第二屆綠裝修設計大賞商業空間類銅獎。

11

蔬食是一種
有益身心的生活態度

這幾年彈性蔬食已在世界各地蔚為風潮，
多吃蔬食後，很多人都感受到身體的負擔變輕。
只要不偏食，多用一點心養成正確的蔬食習慣，
在營養攝取上並不會輸給肉食。

多吃蔬食除了可以減少碳排，對地球生態和環保有所幫助，對我個人來說，更是一種改變身心習慣的生活態度。

我自己原本並不是蔬食者，讓我慢慢親近蔬食的，一開始是創業初期在三義交流道無意間撞到白鷺鷥，那件事像是來自上天的提醒，在我心中種下一顆推廣蔬食的種子。另外，後來我個人的身體因為透過飲食習慣的改變，帶來令人驚喜的效果。

我對蔬食的親身體會

六年前，我在醫院做身體檢查，結果醫院的檢查報告出來後，發現心臟有一條血管已經堵塞了近七〇％，醫生建議我安裝支架。

以往我是一個喜歡美食的人，但步入中年之後，身體出現警訊，血管堵塞這件事讓我驚覺，必須有所改變才行。我來回思索後，決定給自己一段時間，先以調整飲食和運動來改善看看，再決定是否要做進一步的治療。

大約三年期間，我從絕對的葷食者，逐漸調整為蔬食。每年的定期檢查結果開始好轉，我的血管阻塞逐年降為四五％，一直到今天的二五％。

這讓我有很大的省思，一般人要降低口腹之欲真的很難，往往需要很強的動機，或身體出現大毛病，才願意改變原有的習慣。我也開始認真思索，是否有什麼方法，可以讓人更容易喜歡蔬食、親近蔬食？

免費提供員工餐，讓同仁親近蔬食

以我自身的經驗，我完全了解由葷轉素需要漸進，為了照顧同仁的飲食健康，旗下的餐廳提供一天兩頓免費蔬食員工餐，每家餐廳可自行設計菜單而沒有限制，完全交給廚師們決定；至於總公司行政單位及善菓屋烘焙品牌，公司則每日提供一餐蔬食，我們特別聘請一位師傅於中央廚房負責烹調，並統一配送，讓同仁不需要出去外食，也可降低他們的開銷。

通常新同仁進來，我和主管都會問他們：「餐點吃得還習慣嗎？」我發現大家的接受度比我想像中更高。很多人吃了員工餐才發現，原來蔬食這麼好吃，比他想像的更容易接受。

在我觀察中，有很多同仁原本是葷食者，在蔬食環境一日一餐素的薰陶下，慢慢發現蔬食的好處，對肉類的飲食需求自然愈來愈低，進而成為彈性素食，甚而轉變成全蔬食者。

去年我們籌備松山植境VEGANala的新品牌時，有一位資深主廚來支援一段時間，離開前他跟我說的一段話，讓我很感動。他說，初到善菓時很不適應，因為他的烹調習慣一直是重油、重鹹、重口味，在他三十多年的廚師生涯中，待過無數家餐廳，沒有哪家店覺得他的做法不對。但來到善菓之後，老闆經常跑到廚房裡告訴他，這個不能用、那個不能用，讓他很不開心。

後來公司指派他去上課，他才充分理解自己過去的烹飪方法是不健康的。調整做法後，他每天跟著吃員工餐，一個月後，他發現自己瘦了，精神變好了，身體輕鬆了，整個人也變得比較健康。後來當他自己面對客人時，反而會主動和一些年紀較大的客人交流心得，提醒上了年紀的朋友，真的要小心別吃得太重油重鹹。

只要多用點心，蔬食營養不輸肉類

也有很多人擔心，改成蔬食會不會造成營養不良？特別是維生素B與蛋白質是否會不夠？其實，許多資料和研究都說植物裡的蛋白質其實非常豐富，豆類的蛋白質甚至比肉類的蛋白質含量更高。我周圍有許多吃素的朋友，他們都人高馬大，身體非常健康，像是人稱「臺灣雲豹」的超馬老爹羅維銘，今年剛滿六十歲的他，去年參加紐約三千一百英里超級馬拉松，以四十六天十五小時一分四十三秒創下亞洲紀錄，同時也是這項賽事最高齡的選手。他茹素多年，路跑成績卻不受年紀影響，一再突破自我，經常分享茹素讓他感覺身體更有能量。

對彈性素或奶蛋素的朋友來說，奶蛋可以補充足夠的蛋白質，對Vegan純素的人來說，他們其實更擅長找到替代的好食材，像是豆腐、毛豆、鷹嘴豆、藜麥、燕麥奶等各種豆類和穀類，當中蛋白質的品質也非常好，而且也能增加蔬食的豐富口感。

只要不偏食，吃的時候多留意一些，養成正確的蔬食習慣，絕對不會造成營養不良。有人擔心少了葷食容易餓，我的經驗是，如果你本來是吃八成的蔬食、兩成的肉類，改為蔬食後，減少原來那兩成葷食的攝取，確實容易會有飢餓感，但若能將那兩成的肉類用同樣比例的蔬食補回來，像是用植物蛋白質取

植物裡的蛋白質其實非常豐富，像是毛豆、鷹嘴豆、藜麥、燕麥奶等豆類和穀類，除了增添口感，也能補充蛋白質。

代動物蛋白質，在我的經驗裡是完全不會餓的。像是我在餐廳工作，午餐與晚餐經常在店裡解決，忙碌的我從來不曾感覺到餓，甚至還擔心自己吃太多，一不小心就變胖了。

讓蔬食走進更多人的日常生活

新冠疫情肆虐期間，多數餐廳的主顧客減少出門聚餐，對餐飲業影響相當巨大。許多人不理解，為何營運了三十年的老店或規模不小的餐飲集團，卻撐不過三個月疫情的打擊？答案是：因為這是一個高人力成本的行業。

記得當時我看到報表寫著：本日工作同仁十名，來店客人只有五位時，立刻意識到我們必須緊急應變，把產品賣到客人家裡。於是我開始踏入蔬食冷凍食品的領域。在此之前，我對冷凍食品可說是完全外行，於是便帶著一群主廚開始摸索。

我們的產品不是在實驗室憑想像模擬出來的產品，而是一群豐富經驗的老師傅們共同研發所得。這些配方很多是他們本來就在使用的食譜，是已經在市場印證好吃的配方，而我要做的，就是讓這些成品擁有最高的還原度。

第一波我們選定RTC冷凍水餃及蘿蔔糕等產品。首先快速採購了市場上包餡克數最高的機器，坊間一般水餃是一顆二十二克左右，而我們可以製作出二十八克的水餃；接著就是將中央廚房升級為HACCP的認證工廠。

第二波則是開發許多RTE復熱即食的冷凍食品。這時最需要克服的難題就是如何保留風味？因為美味的食物只要一經冷凍，往往就風味大減，這也就是為何許多冷凍食品不容易太好吃的原因。為了克服這個問題，我們讓食品能夠急速冷凍處理，目的是讓還原度可以拉高到八成，這非常困難，卻是最重要的目標。

如今我們的冷凍食品已涵蓋中港式點心、異國料理、中式料理、日式貝果

我們研發的各種湯頭和拌醬讓蔬食者在家就能輕鬆調理，很受歡迎。

麵包，加上常溫醬料拌麵、火鍋湯頭等，品項多達數十種。

這兩年我們也與全家便利商店合作推出聯名商品，所謂的「聯名商品」就是掛善菓的品牌，但是由全家的工廠負責生產，其配方都是由善菓與全家一起開發。從去年七月起，全家全省四千二百家店，就開始上架販賣善菓的熟食義大利燉飯、川味麻辣拌麵和麻婆豆腐烏龍麵。

全家另外也在關渡慈濟靜思堂一樓打造了「植覺生活」全蔬食商店，而善菓在植覺生活販賣的冷凍食品多達二十七項，品項擴及善菓餐飲集團的五大品牌，包括了上善豆家、禪風茶樓、蔬慕、上善蔬食與善菓屋等，讓蔬食者有更多元的選擇。

將蔬食從台灣推向世界

二〇一八年經朋友介紹，認識了大陸的年輕創業家朱容歐，他原本在深圳開了七家餃子館，由於母親潛心學佛，為了一份孝順的心意，來到台灣學藝並尋求合作。

我邀請他參觀上善豆家，提供了一些務實的建議，他決定先從一間小舖開始販售素食飯糰，店名為米陀飯糰，沒想到在大陸開幕後大受歡迎，成為一間排隊的名店。

米陀素飯糰的嚴選食材和手作精神，讓顧客感受到蔬食也可以是講究品質的好東西，他們也引用我的口頭禪「吃素不嚴肅」做行銷，讓大家放下莊嚴的宗教感，輕鬆的享受蔬食，同時推出十餘種口味，增加蔬食的多元口感。目前米陀已經有一百零五家分店的規模，今年已經拓展到上海，在靜安寺旁知名的商場開設旗艦店，甚至有許多品牌競相效仿，因此他也將原有葷食水餃店全數結束營業，算是「由葷轉素」轉型最成功的一個案例。

這幾年彈性蔬食已經在世界各地蔚為風潮，包括新加坡、馬來西亞、美國、日本等地區，都有許多合作邀請，我也很樂意將我們的經驗分享出去。尤其我們已經創立了多元化蔬食品牌，品項涵蓋中餐、西餐、麵點與麵包烘焙，未來將順應不同國家的發展和需求，將台灣的蔬食品牌與經驗帶到國際上，讓更多人能享用到以MIT精神製成的美好蔬食料理，更期望可以幫助及影響無數的蔬食創業家，以「利他之心，待客如親」的心情，與大家一同「友善大地，共創善業」。

分享與回饋

蔬食改變了我的身與心

劉杰昤（善菓餐飲集團副總）

最早我原本沒有特別吃素，大約在九二一大地震的時候，網路上慈濟發起一個素食活動為受災者祈福，我就在這個機緣之下，開始嘗試素食一個月。一個月下來，感覺身體變輕盈，精神也比較好，跟我以前肉食過多、很容易昏沉的感覺不太一樣，於是慢慢就變成彈性素食。幾年後在某個機緣下，我發願素食為受病苦的同仁祈福，逐漸的，我感覺到自己好像愈來愈喜歡素食，就慢慢有意識的改變自己的飲食習慣，現在算是全蔬食了。

剛開始素食的時候，其實我身邊的家人非常擔心我的健康，因為家人並非是素食者，怕我營養不充足。所以當時我特別查看很多資料，了解素食可以透過很多食物攝取蛋白質，也可以透過各種天然蔬果食材，攝取身體所需的維生素、鐵質、鈣質，了解之後就很放心的吃。家人看到我吃得很開心，整個人也神清氣爽，也就慢慢跟著我彈性素食。現在我的家人只要跟我吃飯，一定就是跟著我素食。

其實烹調素食，並沒有想像中那麼難，反而因為飲食觀念和習慣的改變，生活變得愈來愈來純淨、簡單。

像我就是會盡量吃各種顏色的食物，因為不用處理肉類，也沒有什麼油汙，連帶家裡的環境也變得很簡單、容易清理。當然，一開始可能會有一個過渡期，這時我會運用各種醬料來做調味，然後多食用有機蔬菜，長期下來，我感覺有機蔬菜帶給我的身體滿滿的能量與養分。

進入蔬食半年後，我剛好接觸到佛法，愈來愈感覺到慈悲心的作用力，可能是因為情緒平穩了，人自然比較容易感覺幸福快樂。有一天正在做功課，我突然明顯感覺到，面對以前很在意的許多事情，現在可以用平靜的心去面對。此外，由於感到不再因自己的口腹之欲而傷害生命，我的心情似乎也變得比較柔軟、平靜，我想這大概就是素食帶給我最大的價值。

12

一日一素，
以善巧推廣蔬食

在推廣蔬食時，我很在意不要帶給別人負擔，
與其突然改成全素，不如多多嘗試彈性素，
我也建議大家不妨每日一素，讓蔬食成為你的生活習慣。

根據統計，台灣的蔬食人口多達三百餘萬，大約占全台灣總人口的一三%，位居全球第二，僅次於印度。

每個人選擇吃素都有各自的原因，全球的蔬食人口不斷上升，而蔬食族群的年齡也有大幅下降的趨勢，年輕的朋友常因為對環保的急迫感及動物保育的同理心而選擇吃素。

歐美彈性蔬食的比例超過四〇%，所謂的彈性蔬食者，儘管尚未養成完全蔬食的飲食習慣，但更偏好植物性飲食，這是一種良善、時尚、綠色的生活態度，非常容易相互感染。回想十年前，當你告知朋友自己成為素食者時，常會有人質疑你發生了什麼事？為什麼如此想不開？而現今當你表明是彈性素食者時，多半會換來支持的聲音，同時願意和你去試試不錯的餐廳。

中壯年的族群，隨著年齡增長，開始注重養生，願意改變飲食習慣來調養身體。在台灣，更多人是出於宗教的信仰，希望可以減少殺生，積德培福。

不管出於什麼原因，很多人一下突然要改變長年以來的飲食習慣，會感到非常不容易，這時透過一些善巧的方式，來幫助更多人養成蔬食的習慣，絕對是有其必要的。

從彈性素開始，吃素不用有壓力

二〇一八年我參加CEVA國際蔬食論壇活動，大會邀請了兩位來自歐洲的蔬食文化推動者，他們分別是《打造全蔬食世界》的作者李納特（Tobias Leenaert）先生，以及《餐桌上的幸福溝通課》的作者喬伊（Melanie Joy）女士，和大家分享如何輕鬆與人傳遞純植物飲食之美的具體做法。他們都提到初期太過用力向親友推廣純素的挫折感，因為只要有人邀約，他們就會說：「我們不要再傷害動物了，改吃蔬食好嗎？」結果帶給朋友一些壓力，聚會邀約愈來愈少。

因為這樣的經驗，他們建議分階段來進行較為合適，像是朋友聚餐時，可以增加餐桌上蔬食的比例，採用彈性蔬食就好，不需要太過堅持，以免造成反效果。

而他們也提出，只要有更多人採用彈性蔬食，鼓勵從一天一餐蔬食開始，更容易推動並發揮巨大的影響力。實際上很多人從彈性蔬食出發，有更多機會接觸蔬食之後，自然會發現當中的好處。

我們經常提到「吃素不嚴肅，吃素不言素」的理念，推動蔬食應該是以和善的方式鼓勵更多人由葷轉素。相信只要食物好吃，蔬食者更有機會帶葷食的朋友前來嘗試，對我來說，這是我們經營餐廳的責任。

從「不知吃什麼好？」見證台灣蔬食風潮

台灣除了蔬食人口多，和其他國家相比，蔬食餐廳的選擇相對豐富，蔬食產業這幾年的日漸興旺也是有目共睹。台灣本土的研發能力很強，各式新創的菜色也都樂於採用新食材，在新興的蔬食餐飲業帶動下，植物肉的運用非常廣泛，像是 Beyond Meat 未來肉和 OmniPork 新豬肉引進後，也激勵台灣食品廠商快速研發，產品質量已跟上國際水準。

由於我格外重視客人現場的反應，經常坐在店裡觀察客人用餐是否流露出開心的表情。近年特別容易看見客人吃到植物肉漢堡時，發出驚訝的語氣問：「這真的不是肉嗎？」這是過去不曾看到的景象。以往餐廳的蔬食料理不太讓人驚豔，早在十幾年前，如果你約吃素的朋友說：「走，我們去吃飯。」，聽到的回答是：「唉，不知吃什麼好？」這幾年選擇太多，如今你再提出同樣的問句，可能會聽到：「哎呀，不知道吃哪一家好！」

我們身處台灣，將近有上萬家各式類型的蔬食餐廳，對吃素的人來說，可算是全世界最為幸福的，因為各式蔬食新創品牌已經在台灣百花齊放，三餐都容易輕鬆吃到。猶記八年前，當我們想讓穗科烏龍麵進駐百貨商場時，他們是不歡迎的，因為覺得沒有市場。短短幾年間轉變很大，反觀現在的百貨商場，若沒有配置一間蔬食餐廳，對廣大的蔬食族群來說，反而顯得落伍。

現在的便利超商也有一定的蔬食產品比例，鮮食食品各自推出蔬食專區，更有專賣蔬食的電商平台如「素日子」，品項非常豐富，隨時都可宅配到家，讓蔬食者不再發愁。里仁則是最具規模的蔬食有機超市，目前全省有一百三十四家門店，架上的品項超過三千種，可見台灣蔬食人口和消費力是很大的。

與其改掉壞習慣，不如培養好習慣

由於我對由葷轉素有較多的體會，我認為與其說服別人「改掉舊習慣」，不如幫他「培養好習慣」，因為要改掉舊習慣比較難，建立新的習慣比較容易。

這就像每天運動一樣，大家明知道是一件好事，可是往往很難做到，一想到每天要犧牲睡眠，一早去戶外做運動，就覺得辛苦。所以如果想要形成一種規律，還是得利用一些方法，讓自己先完成一些小目標，比較容易達成。

就像最近很流行的「超慢跑」，每天在家三十分鐘即可，透過群組共學的正向力量，幫助大家養成規律。感受到它的好處，由葷轉素也是一樣。

除了目標小、容易達成，若能有「立即的回饋感」，也是一種助力。回想多年前我定居香港時，每逢週末假日，常會看到許多青年童子軍，手裡拿著一個硬幣捐款的袋子，分散在各個地鐵出口處，用燦爛的笑容大聲向來往的路人說：「你好，我們有一個公益募款活動，可不可以請您捐個零錢幫助有需要的人？」

他們的袋子是經過設計的，只能捐助零錢，像是一塊、五塊、十塊皆可。你看到後，覺得金額不太，就會摸摸口袋，掏出零錢丟進去。然後童子軍就會在你的衣服上貼一張圓型的小貼紙，讓捐款人走在路上會覺得，今天出門就做了一件好事情，這就是可以達到的「立即的回饋感」，如果將這種精神沿用到推廣蔬食上，讓人意識到自己今天做了一個事情，不但對自己身體好，對動物好、對環境也好，等於就是三好合一，讓人得到立即的反饋，我相信這會是一個可行之道。

每日一素，促進蔬食的正向效應

有了一開始的小目標，就可以再擴充。目前國內外都有所謂的「二十一天純素計畫」等，就是在教大家如何透過二十一天的設定，幫自己建立起蔬食的習慣。

其實在國外，幫助大家建立蔬食習慣的活動很多，像是二〇〇三年有一群美國學者在參考約翰霍普金斯大學彭博公共衛生學院、雪城大學與哥倫比亞大學的相關研究後，認為飲食中攝取過量肉品是導致疾病與健康損害的原因，因此發起「週一無肉日」（Meatless Monday），以減少對肉品的攝食。由於週一代表一週的開始，很多人會在週一啟動新的生活模式，對於改變習慣來說，行動力會比較強。而在香港的 Green Monday 也是鼓勵以「綠色星期一」來進行每週一素。大約十年前，當時它的創辦人 David Yeung 開始推動時，沒想到效果這麼好，後來全香港一百多萬人，大約四個人就有一個人參加，這也讓他從一個社會運動者，決定創業投入植物肉的開發。

相較之下，台灣的蔬食人口本來就不少，因此，我們將全方位推動「一日一素」的活動，也就是以一天一餐蔬食的方式，來做為一個開始。由於通常早餐多半沒有太多肉食品，我會建議每天選擇以午晚餐為主，如果晚餐有肉食必要，中午就以蔬食用餐。

如果可以達成每日一素，我相信可以產生平衡飲食的效應，幫助想要親近蔬食的朋友建立起正向的習慣。這也是我在幫助年輕人發展蔬食餐飲創業之外，未來最想推動的一件事。

推廣蔬食教育，期望達成雙重利他

在蔬食教育方面，我們非常高興在鄰近台北松山車站的植境推素基地設立了一個蔬食研究所VEGENSCHOOL，除了提供蔬食廚房的場地租借，每個月也會開設不同的蔬食料理與烘焙（COOKING & BAKING）廚藝教學課程。

由慈濟基金會支持的植境推素基地，是以複合式概念館的方式經營，結合蔬食餐廳、教學教室、樂覓未來超市、靜思書軒和策展等場域，占地約七百坪空間。是一個以推動綠色環保、植物飲食相關文化與知識的場域，我們非常高興能參與其中，共同打造一個推動永續、低碳的共創平台。

善菓餐飲未來的蔬食教育推廣，除了針對有心學習蔬食料理的普羅大眾，另外就是內部同仁的教育養成，舉凡未來海外合作的廚師培訓或是企業內部創業的幹部，我們發展規畫出「善菓蔬食藍帶學院」，給予專業的訓練。

一般在傳統餐飲業的常規中，一位廚師的養成，從洗碗、洗菜、切菜到站上爐台，可能要耗費好幾年的時間當學徒才能出師，我會希望透過蔬食藍帶學院的訓練，只要為期一年的時間，就可以訓練有志創業的年輕人，養成從廚藝、服務到經營管理的專業能力，密集培訓成為獨當一面的蔬食餐飲人才。

傳統餐飲界一直有技藝與配方是廚師個人資產的觀念，我希望在蔬食藍帶學院打破這個固有觀念。建立完整的蔬食食譜資料庫，把每一道菜的做法進行文字記錄與影像紀錄，整理成可供參考的有用資料庫，這樣才能幫助年輕人未來開創更多的連鎖餐廳。

今年我們有幸協助慈濟科技大學設計蔬食烘焙課程，同時規畫學生參與實習機會，也安排善菓屋的師傅傳授技藝，讓蔬食烘焙技術不斷傳承。

回顧我中年後的生涯，可說是在同時攀登自我實現和「利他」這兩座大山。非常幸運的，我的職業和志業能夠「職志合一」。從利他的發心開始，最初為了幫助青年發展事業而踏進餐飲業，後來又加入了推廣蔬食的志業，希望能帶動所有同仁，學習成為真正的利他經營者。

回想稻盛和夫先生最後的叮嚀，「人生皆為自心印照」，生命中所發生的一切，皆來自自心的牽引，希望我能用餘生帶領同仁，抱持著利他感恩之心，共造綠色餐飲志業，這是我餘生的目標與願望。

蔬食心得分享

有助進入禪定、煩惱變少

劉若瑀（優人神鼓創辦人、台北表演藝術中心董事長）

從早年開始，我們幾乎每一年都會安排團員們，選擇一個工作之餘的時間，去內觀中心禪修。內觀的時候，我們一定都會吃素，因為我親身的體驗是，素食讓我身體感覺到更少的牽絆，有助我進入禪定。

後來有一次我們去大陸演出，剛好看到出土的舍利，我大概站了快十分鐘，就開始哭。當時有一種悲淒的感覺湧上心頭，當下就覺得不想再葷食，就說：「我想素食了，不吃葷了。」長期這樣吃下來，我也的確感受到煩惱變少了。

為什麼需要蔬食米其林？

田定豐（種子音樂、豐文創創辦人）

在大家的印象中，吃素好像都吃得比較清淡，但其實我們還是想要好吃。其實我相信每一家蔬食餐廳的背後都有一個故事，而且老闆通常都不是從出生就吃素，也未必是宗教原因。開葷食餐廳不需要有太多故事，因為大家本來就是雜食動物，但每一個開素食餐廳的，都有各自的堅持，對於蔬食都有各自的講究。像這樣子的餐廳，反而可以吸引到忠實的消費族群，讓人吃得很安心、健康。

很多朋友都問我：「為什麼要做『豐蔬食評鑑』？」簡單說，我覺得蔬食一直是被忽略的族群，但是看到地球上的暖化愈來愈嚴重，如果透過飲食可以讓暖化延緩，我覺得應該要去做一些事才行。

而且過去大家常會有「素食標籤」，會覺得吃素很油很膩，有些假羊假魚又會有一個奇怪的味道，不然就是像在吃草。其實那樣的素食觀念已經過時了，現在很多業者的口味非常多元而且好吃，所以我們就想要透過評鑑，讓大家有個指南，讓他們不會踩雷。因為我覺得，如果一般人去吃蔬食踩到雷，很可能就會產生成見。

很多人常會無意識的把蔬食和葷食做比較，我的用意就是，讓大家知道精心料理的蔬食可以比葷食好吃。不然蔬食餐廳也沒有比較便宜，很多人去吃一套葷食有時兩三千塊，而且會在意出現的食材有沒有鮑魚、魚翅這些特殊食材，要是有，他就覺得這個貴一些也沒關係，值得他付錢；但是來到蔬食餐廳，他就會覺得都是蔬食，為什麼還要這麼貴？可是大家都忽略了，蔬食料理的門檻其實比葷食高。

所以我想要透過設立蔬食米其林的獎項，鼓勵更多業者去做更好的食物，然後鼓勵更多的消費者，走進這些真的很棒的蔬食餐廳。

國家圖書館出版品預行編目（CIP）資料

成就他人的經營思考：善菓創辦人嚴心鏞利他實踐心法 / 嚴心鏞著 . -- 第一版 . -- 臺北市：遠見天下文化出版股份有限公司 , 2024.03
面； 公分 . -- (財經企管 ; BCB812)
ISBN 978-626-355-708-6(平裝)

1.CST: 餐飲業管理 2.CST: 餐飲業 3.CST: 素食

483.8 113003358

財經企管 BCB812

成就他人的經營思考：

善菓創辦人嚴心鏞利他實踐心法

作者 — 嚴心鏞
採訪協力 — 黃安妮、陳珮真、稅素芃
文字整理 — 陳珮真、稅素芃

總編輯 — 吳佩穎
副總編輯 — 黃安妮
責任編輯 — 陳珮真
封面暨版型設計 — Dinner Illustration
內文圖片 — 除個別標示外，皆為善菓餐飲集團及嚴心鏞提供

出版者 — 遠見天下文化出版股份有限公司
創辦人 — 高希均、王力行
遠見・天下文化　事業群榮譽董事長 — 高希均
遠見・天下文化　事業群董事長 — 王力行
天下文化社長 — 王力行
天下文化總經理 — 鄧瑋羚
國際事務開發部兼版權中心總監 — 潘欣
法律顧問 — 理律法律事務所陳長文律師
著作權顧問 — 魏啟翔律師
地址 — 台北市 104 松江路 93 巷 1 號
讀者服務專線 — (02) 2662-0012 ｜傳真 — (02) 2662-0007；(02) 2662-0009
電子郵件信箱 — cwpc@cwgv.com.tw
直接郵撥帳號 — 1326703-6 號　遠見天下文化出版股份有限公司

電腦排版 — 簡單瑛設
印刷廠 — 中原造像股份有限公司
裝訂廠 — 中原造像股份有限公司
登記證 — 局版台業字第 2517 號
總經銷 — 大和書報圖書股份有限公司　電話／ (02) 8990-2588
出版日期 — 2024 年 3 月 29 日第一版第一次印行

定價 — NT 450 元
ISBN — 978-626-355-708-6
EISBN —9786263557079（EPUB）9786263557062（PDF）
書號 — BCB812
天下文化官網 — bookzone.cwgv.com.tw

天下文化
BELIEVE IN READING